Carmen Radeck / Michael Kriegel

RuhrGründer

Der Guide für Gründer & Startups im Ruhrgebiet

Radeck, Carmen; Kriegel, Michael
Ruhrgründer
Der Guide für Gründer und Startups im Ruhrgebiet
1. Auflage 2017
ISBN-13: 978-3-945322-09-3
Verlag aus dem Pott, Michael Kriegel, Am Knappenberg 35, 44139
Dortmund, E-Mail: mail@ausdempott.de, www.ausdempott.de

Texte: Carmen Radeck, Michael Kriegel, soweit nicht anders vermerkt
Fotos: Joachim Beyer, Die Bewerbungsschreiber, Anne Doerner, emotion Sportswear, fotolia.com, Good Profits, Grubenglück, Klaus Hartmann, KoSi-Lab, Masterplan.com, Michael Kriegel, Luups, Milio, Pets in Boxes, Carmen Radeck, Kristoffer Schwetje, Jürgen Schultze, Caro Tolkemit, TU Dortmund, Andreas Wilke, unsplash.com, Wirtschaftsförderung Dortmund, UNIQ GmbH, Michael Neuhaus, petsinboxes
Layout: Caro Tolkemit // www.carotolkemit.de
Umschlaggestaltung: Kerstin Uhlmann
Lektorat: Verena Simon
Druck: Lensing Druck Dortmund

RuhrGründer.de / Verlag Aus dem Pott
www.ruhrgruender.de
www. ausdempott.de
mail: ruhrgruender@ausdempott.de

Das Ruhrgebiet – eine Chancenregion auf dem Sprung

Initiativkreis
Ruhr®

Hohe Arbeitslosigkeit, klamme Kommunen, verstopfte Autobahnen: Das Ruhrgebiet leidet unter dem Image als altindustrielle Region im Niedergang. Es ist ein Bild, das sich hartnäckig hält. Aber es ist ein Zerrbild, das Erreichtes schlicht ausblendet. Es mag einfach erscheinen, das Ruhrgebiet als Defizitregion zu definieren. Doch wer bereit ist, ohne Vorbehalte auf diesen gleichzeitig traditionsreichen wie wandlungsfähigen Metropolraum und Wirtschaftsstandort zu schauen, wird erkennen: Er ist eine Chancenregion mit enormem Potenzial. Das Ruhrgebiet ist auf dem Sprung. Es hat die Kraft, aus den reichhaltigen Erfahrungen als industrielles Zentrum im Herzen Europas neue Ideen zu entwickeln und in die Tat umzusetzen. Mit welch großem Elan es seine Innovationskraft nutzt, zeigt das Beispiel der lebendigen Startup-Szene, die sich aktuell rund um Bochum, Dortmund, Essen, Witten und darüber hinaus formiert hat. Im äußersten Westen Deutschlands entsteht ein neuer Gründergeist.

Ihn zu beflügeln hat sich der Initiativkreis Ruhr zu seiner jüngsten Aufgabe gemacht. Das stärkste regionale Wirtschaftsbündnis Deutschlands hat dazu eigene Projekte ins Leben gerufen und sich starke Partner für eine ganze Reihe von Kooperationen gesucht. Als hochkarätige Plattform für innovative Startups, Unternehmen und Investoren haben wir mit dem Gründer-Forum NRW schon von 2014 an die Diskussion um Startups und Gründertum auf das Ruhrgebiet gelenkt. Wirtschaft, Wissenschaft und Politik haben sich hier zum Gründerstandort Ruhr bekannt und damit den Grundstein für vielfältige Aktivitäten gelegt. Das Initiativkreis-Mentorenprojekt „Smart am Start" öffnet potenziellen Unternehmensgründern die Türen zu den Chefetagen der Ruhr-Industrie. Junge Startups bekommen durch uns die Möglichkeit, mit ihrer Idee direkt vor den Entscheidungsträgern der Ruhr-Industrie zu pitchen.

Gründer brauchen auch finanzielle Starthilfe: Deshalb hat der Initiativkreis Ruhr mit seinen Mitgliedsunternehmen und der NRW.BANK einen Risikokapital-Fonds mit zunächst 30 Millionen Euro bereitgestellt. Der Gründerfonds Ruhr nimmt die Zukunftsbranchen in den Fokus. Er umfasst die Leitmärkte:

- Chemie & neue Werkstoffe,
- Energie & Industrie,
- Life Sciences & Gesundheit,
- Logistik & Handel sowie
- Digitale Wirtschaft.

Es geht darum, mehr Menschen Mut zu machen, das eigene unternehmerische Risiko zu wagen. Wie stark das junge Gründerherz im Ruhrgebiet bereits schlägt, zeigen beispielhaft die Kooperationen des Initiativkreises mit Partnern aus der Szene für die Szene. Wir sind Mit-Initiator der größten Startup-Konferenz der Region, dem *RuhrSummit*, und der Fachkonferenz für digitales Marketing, *koks.digital*, in Bochum. Auch den Nachwuchs haben wir im Blick und unterstützen die Initiative *business@school* unseres Partners The Boston Consulting Group, in der Businessplan-Wettbewerbe an Schulen durchgeführt werden.

Unsere gemeinsamen Anstrengungen der vergangenen Jahre lohnen sich und fördern eine beispiellose Gründer-Dynamik. Der Startup-Monitor 2016 des Bundesverbands Deutsche Startups verortet den bundesweit zweitgrößten Startup-Hotspot nach dem noch führenden Berlin bereits im Westen Deutschlands. Demnach haben 14,1 Prozent der Startups ihren Sitz im Rhein-Ruhr-Raum, ein Plus von fast vier Prozentpunkten gegenüber dem Vorjahr.

Das Ruhrgebiet bietet jungen, wissensbasierten, technologiegetriebenen und industrienahen Startups vielfältige Chancen. Hier gibt es international agierende

Konzerne und einen starken Mittelstand, eine dichte Landschaft aus Hochschulen und Forschungseinrichtungen, hervorragende Verkehrsanbindungen, einen enormen Markt in Zentraleuropa und nicht zuletzt bezahlbaren Wohnraum. Hier ist ein Hightech-Standort, an dem sich Branchen wie Energie, Chemie, Logistik und Gesundheitswirtschaft zu neuen Wachstumstreibern entwickelt haben. Hier ist ein Gesamtpaket mit besten Voraussetzungen für innovative Firmenstarter geschnürt.

Das vorliegende Buch ist Beleg dafür, dass die alten Klischees nicht mehr funktionieren. Das Ruhrgebiet, seine Wirtschaft und seine Menschen stellen sich den Herausforderungen – und damit ihre Innovationskraft, ihre Integrationsfähigkeit und ihre Weltoffenheit erneut unter Beweis. Für uns ist es die Bestätigung unseres Leitmotivs: In der Gemeinschaft lässt sich mehr bewegen.

Bernd Tönjes
Moderator
Initiativkreis Ruhr

Thomas A. Lange
Co-Moderator
Initiativkreis Ruhr

Carmen Radeck

Carmen Radeck ist Journalistin und Bloggerin und berät Unternehmen in Sachen Content Marketing und Social Media. Ihre Leidenschaft ist es, Geschichten von Menschen zu erzählen, die ihr eigenes Ding machen, dafür brennen und bereit sind, jedes Risiko einzugehen.

So entstand die Idee zu dem Blog RuhrGründer, der 2014 mit Storys über Gründer und Startups aus dem Ruhrgebiet online ging und sich inzwischen zum Szene-Portal entwickelt hat. Als Mit-Initiatorin der Datenbank StartupsRuhr.de und von Events wie dem RuhrSummit und der Fuckup Night ist sie aktiver Bestandteil der Gründerszene Ruhr. Carmen kommt aus Essen, lebt in Kamen und ist im Ruhrgebiet zuhause.

www.ruhrgruender.de
www.startupsruhr.de

Michael Kriegel

Michael Kriegel ist Gründungsberater, Verleger und Dozent. Als Michael 2009 sein erstes Radtourenbuch veröffentlichte, gründete er kurzerhand einen eigenen Verlag. Der „Verlag Aus dem Pott“ zeichnet sich durch regionale Produkte aus, jährlich erscheint zudem der Gründerkompass.

Michael hat das Qualifizierungsprogramm „InnovationsGeist“ an der Ludwig-Maximilians-Universität München, bestehend aus Seminaren, Workshops und einem Gründerwettbewerb, konzipiert und begleitet dort seit 2010 Teams bei der Ideenfindung, Teambildung und Unternehmensgründung. Er ist Dozent für Ideenentwicklung, Geschäftsmodellerstellung und Business Planning. Michael lebt in Dortmund und Rosenheim.

www.ausdempott.de
www.5eurostartup.com

Alles auf einen Blick

Inhaltsverzeichnis

Gründerszene Ruhr

Finanzierung/ Crowdfunding

Kreativwirtschaft/ Lifestyle

Teilzeitgründung

Inhaltsverzeichnis

Hochschulen/ Förderprogramme

Social Entrepreneurship

Verzeichnis

Gründerszene Ruhr

Wie das Revier zum Startup-Hotspot wurde

Willkommen in der Gründerszene Ruhr

Zu den Gründerhochburgen in Deutschland fallen einem Berlin, München und Hamburg ein. Das Ruhrgebiet? Noch nicht auf dem Schirm? Das könnte sich bald ändern, denn im Revier gibt es mittlerweile mehr Startups als in Hamburg und genauso viele wie in München.

Mit besten Voraussetzungen für eine Gründermetropole

Dass das Ruhrgebiet die besten Voraussetzungen hat, um eine der Gründerhochburgen in Deutschland zu werden, sagen nicht nur Startup-begeisterte Lokalpatrioten, dafür sprechen auch knallharte Zahlen und Fakten: Das Ruhrgebiet ist mit mehr als fünf Millionen Einwohnern der größte Ballungsraum Deutschlands und der fünftgrößte in Europa. Es gibt hier unfassbare 22 Hochschulen, und 155.000 Unternehmen, darunter drei DAX-Konzerne, erwirtschaften einen Jahresumsatz von insgesamt 330 Milliarden Euro. Darüber hinaus gilt das Ruhrgebiet als die am besten erschlossene Metropolregion in Europa.

Außerdem gibt es hier viele gut ausgebildete Fachkräfte und vergleichsweise günstige Mieten. Zum Vergleich: Auch in Berlin sind die Mieten günstig, dort herrscht aber ein Mangel an Fachkräften. München hat keine Schwierigkeiten beim Anwerben von Fachkräften, allerdings auch hohe Lebenshaltungskosten.

Und auch was das Startup-Leben „after work“ angeht, müssen wir uns nicht verstecken. Anders als Berlin, das mit Friedrichshain, Kreuzberg und dem Prenzlauer Berg gleich drei der hippsten Stadtteile unter der Haube hat, gibt es im Ruhrgebiet zwar eher Trendviertel „auf den zweiten Blick“. Man findet aber immer mehr angesagte Szenebars, interessante

Restaurants, versteckte Parkanlagen und urgemütliche Cafés. Je nach Lust und Laune landet man im Duisburger Innenhafen, im Bochumer Bermuda-Dreieck, in Essen-Rüttenscheid oder im Dortmunder Kreuzviertel. Man muss das Ruhrgebiet erfahren, um es richtig zu erleben.

Und wo liegt jetzt das Problem?

All dieses Potenzial hat das Ruhrgebiet nicht erst seit gestern. Wo liegt also das Problem? Da fallen uns gleich drei Faktoren ein:

1) Kirchturmdenken
2) mieses Image
3) zäher Strukturwandel

Fangen wir mit dem Kirchturmdenken an. Ja, das Ruhrgebiet ist eine Metropolregion, aber eben eine besondere und mit Berlin, Paris oder London nicht unbedingt zu vergleichen. Hier gibt es nicht eine zentrale Stadt, um die sich alles dreht, hier gibt es 53 einzelne Städte, die sich vor allem erst einmal um sich selbst drehen. Und jede dieser Städte hat ihren Bürgermeister und ihren Verwaltungsapparat. An einem Metropolen-Strang wird selten gezogen. Jede Stadt sorgt sich zunächst um ihr eigenes Wohl. Doch das Engagement einzelner Städte wie Dortmund zum Beispiel, eine Gründerkultur zu fördern, reicht eben nicht, um einen Aufschwung in der gesamten Region zu bewirken, auch wenn es hier und da

und immer mal wieder Anzeichen für eine Zusammenarbeit gibt. Beispielsweise bei der gemeinsamen Bewerbung der großen Ruhrgebietsstädte für einen der vom Land geförderten Digital Hubs, der heute als „ruhr:HUB“ seinen Sitz in Essen hat. Das ändert aber nichts daran, dass Kirchturmdenken einer der Hemmschuhe für die Entwicklung eines übergreifenden Startup-Ökosystems Ruhr ist und bleibt.

Zweiter Hemmschuh: Das Ruhrgebiet hat nach außen hin immer noch ein mieses Image. Da können wir uns hier selbst als Kulturhauptstadt oder grünste Industrieregion Deutschlands feiern – von München bis Berlin zählen noch immer Herbert Grönemeyers Worte: „Tief im Westen, wo die Sonne verstaubt“. Untermauert wird das anhaltend schlechte Image noch von Faktor Nummer 3: der scheinbar unendlichen Geschichte des Strukturwandels, mit der sich das Ruhrgebiet seit Jahrzehnten herumplagt. Doch da hat sich inzwischen einiges getan. Vor allem darin, dass sich die hiesige Wirtschaft zunehmend wieder auf ihre Kernkompetenzen besinnt: Industrie, Hochtechnologie und harte Arbeit. Etwa in Dortmund, wo IT, Biomedizin und Robotik groß geschrieben werden. Mit intelligenter Produktionstechnik, Softwarelösungen für Maschinenbau und Automotive, und mit international aktiven IT-Startups, die sich rund um die Technische Universität etabliert haben.

Für Startups zeigen vor allem zwei Branchen besonderes Potenzial: Zum einen die Logistik, beispielsweise mit dem Duisburger Hafen als größtem Binnenhafen Europas, und dem wachsenden Hochschulangebot in diesem Bereich. Die ehemalige Westfalenhütte in Dortmund ist ein weiteres Beispiel: IKEA hat hier seit 2016 ein Warenlager, DB Schenker ein Logistikzentrum, und in der Planung sind zudem große Zentren von Amazon, Decathlon und REWE. Zum anderen gibt es das Potenzial der Energie- und Umweltwirtschaft. In Sachen energieeffizienter Industrie nimmt das Ruhrgebiet inzwischen deutschlandweit eine Vorreiterrolle ein.

Bei der Gründung von Startups in diesen Bereichen spielen die hiesigen Hochschulen natürlich eine wichtige Rolle. Auch wenn das Thema „Gründen" dort bisher oftmals eher vernachlässigt wurde, zeigt sich ein Wandel. An der Universität Duisburg-Essen beispielsweise gibt es den neuen und fachübergreifenden Studiengang

TEXT
Carmen Radeck und
Michael Kriegel

FOTOS
Klaus Hartmann, Carmen
Radeck, Caro Tolkemit,
Dirk Röttgen/pixelio

COWORKING

Der englische Begriff „Coworking" bedeutet so viel wie „zusammen arbeiten". Coworking Spaces sind meistens große, offene Büroräume, in denen Freiberufler, Kreative, kleinere Startup-Teams und Selbstständige, aber auch schon mal Angestellte zusammen arbeiten. Der Unterschied zu einer Büromiete ist, dass man sich in einem Coworking Space flexibel einen Schreibtischplatz bucht, je nach Bedarf tage-, wochen- oder monatsweise. Im Mietpreis enthalten ist in der Regel die Nutzung von Schreibtisch, Stuhl, WLAN, Drucker und Kopierer. Schränke oder Rollcontainer kann man dazubuchen. Man muss also nur seinen Laptop mitbringen oder was man als Arbeitsmaterial benötigt und kann loslegen. Das besondere an Coworking Spaces ist die offene, meist persönliche Atmosphäre. Die Coworker arbeiten zwar an ihren eigenen Projekten, haben aber auch die Möglichkeit, zusammenzuarbeiten, von dem Wissen der anderen Coworker zu profitieren und sich auszutauschen. Durch dieses offene Mindset kommt es nicht selten zu Kooperationen, Aufträgen, neuen Ideen und Feedback zur eigenen Arbeit.

Innopreneurship. Und auch die Technische Universität Dortmund hat ihr Engagement mit dem Centrum für Entrepreneurship & Transfer weiter gestärkt. Was allerdings lange schon gut funktioniert und als einer der Motoren für Innovation und Wachstum in der Region gilt, ist der Wissenstransfer als Austausch von Wissenschaft und Wirtschaft.

Es brodelt im Pott: Die Gründerszene in Aufbruchsstimmung

Kirchturmdenken und mieses Image hin oder her – es tut sich was im Pott! Es brodelt. Aufbruchsstimmung ist zu spüren. Und zwar vor allem an der Basis, also bei den Gründern selbst. Das eigene Ding zu starten, ob direkt nach der Uni oder nach den ersten Jahren im Konzern, bleibt für immer mehr Gründungsbegeisterte nicht nur eine Idee, sondern wird immer öfter in die Tat umgesetzt. Dabei gibt es auch immer mehr Startup-Erfolgsgeschichten made in Ruhrpott, seien es die Startup-Pioniere von RapidMiner mit ihrer gleichnamigen und weltweit führenden Data-Mining-Plattform. Oder die beiden Daniels von Urlaubsguru, die innerhalb von fünf Jahren ein Unternehmen mit 180 Mitarbeitern hochgezogen haben. Oder das Bochumer Startup Employour, das mit Karriereportalen wie Ausbildung.de den großen Medienkonzernen zuerst den Rang ablief und

2015 schließlich für Millionen an die Bertelsmann-Tochter Gruner + Jahr verkauft wurde.

Szene-Keimzellen der Ruhrgebietsstädte vernetzen sich

Was die Vernetzung und den Austausch der Gründerszene untereinander und langsam auch mit der hiesigen Wirtschaft und Industrie angeht, sind vor allem in den großen Ruhrgebietsstädten Bochum, Dortmund, Duisburg und Essen Keimzellen entstanden, die mit Kirchturmdenken nichts am Hut haben und sich munter und engagiert über Stadtgrenzen hinaus vernetzen und zusammenarbeiten.

In Bochum reicht diese Keimzelle vom Bermudadreieck in der Bochumer City mit der Digitalagentur 9elements, deren Gründer Sebastian Deutsch als Netzwerker und Mentor selbst in der Szene aktiv ist, bis nach Ehrenfeld, wo Die Bewerbungsschreiber ihr Büro haben. Die beiden Gründer Stefan Gerth und Holger Manzke gehören schon seit ein paar Jahren zu den engagiertesten Szene-Aktivisten. Sie haben nicht nur lange den legendären Bochumer Gründerstammtisch organisiert, sondern auch Events ins Leben gerufen wie den BizSlam oder koks.digital, die Konferenz für digitales Marketing.

Die Dortmunder Keimzelle in der Szene aktiver Gründer ist vor allem im

HUB

Der Begriff HUB hat verschiedene Bedeutungen. Eine davon lautet „zentraler Bestandteil eines Systems mit hoher Aktivität". In der Welt der Startups bezeichnet ein HUB eine Art Knotenpunkt und will unterschiedliche Akteure räumlich und durch Aktivitäten vernetzen. Seit einigen Jahren bekannt ist das Netzwerk der „impact hubs" mit Standorten auf der ganzen Welt. Sie zeichnen sich dadurch aus, dass sie räumlich eine Mischung aus Co-Working und Veranstaltungszentrum anbieten und ihre Mitglieder untereinander vernetzen, immer unter der Prämisse, einen „impact", also eine „Wirkung" zu erzeugen. Sie gelten daher als Anlaufstelle für Social Entrepreneurs sowie Verbände und Initiativen, die lokal handeln und dabei global vernetzt sein wollen. Auf Analogien auf dem digitalen Bereich setzt der Ruhr.HUB, der die Bezeichnung „Hub" als digitalen Knotenpunkt in seinen Namen aufgenommen hat, um das Ziel, Startups und digitale Wirtschaft miteinander zu vernetzen, zu symbolisieren.

LAB

Ein LAB hat experimentellen Charakter und bezeichnet eine Räumlichkeit oder eine zeitlich befristete Veranstaltung, bei denen neuartige Konzepte, Methoden und Ideen ausprobiert werden. Ein LAB kann eine konkrete Ausrichtung haben („social impact lab"), verschiedene Akteure einer Region vernetzen („KOSI-Lab") oder offen für unterschiedliche Ansätze aus der Bevölkerung sein („Stadtlabor").

Coworking Space Work Inn beheimatet. Bei einem Treffen dort Anfang des Jahres 2015 zwischen den beiden Work Inn-Gründern Dörte und Tim Schabsky, den Gründern vom Essener Startup The Plant, Christian Dasbach und Alex Wiethaus, den Gründern von TEAM2 Digital, Gunnar Terrahe und Benjamin Spinola, und Carmen Radeck von Ruhr-Gründer, die alle Beteiligten an einen Tisch holte, wurden die Fuckup Nights Ruhrgebiet ins Leben gerufen. Diese sollten einiges ins Rollen bringen, vor allem was die städteübergreifende Vernetzung der Szene betraf. Anders als andere Gründer-Veranstaltungen waren die Fuckup Nights von Anfang an als Ruhrgebiets-Event gedacht und wurden auch so umgesetzt – von Dortmund über Witten und Bochum bis nach Essen. Gestartet im Mai 2015 ging im September 2017 bereits die achte Fuckup Night über die Bühne und lockte über 300 Besucher an.

In Essen gibt es zwar schon länger das Unperfekthaus als kreativen Ort der Vernetzung, wo Anfang 2014 auch das Netzwerk-Frühstück für Gründer, UP!businessbrunch, ins Leben gerufen wurde. Echtes Szeneleben ist aber erst seit 2016 zu spüren. Dies ging vor allem von Oliver Weimann aus, Gründer der 360 Online Performance Group, der 2016 zunächst das Networking-Event Startup Nights ins Leben rief, das inzwischen in Essen und Dortmund stattfindet, und zeitgleich gemeinsam mit Carmen von RuhrGründer den RuhrSummit als erste große Startup-Konferenz im Ruhrgebiet initiierte. Gaben die Fuckup Nights den Anstoß für die ruhrgebietsweite Vernetzung der Szene, manifestierte der RuhrSummit, dass die Gründerszene Ruhr nicht nur existiert, sondern lebt. Nach dem ersten Aufschlag im Sommer 2016 in Essen geht der RuhrSummit 2017 in Dortmund an den Start.

In Duisburg läuft aktives und engagiertes Vernetzen eigentlich schon viele Jahre, allerdings eher unter dem Radar, und geht vor allem vom Campus Duisburg der Universität Duisburg- Essen aus. Das Networking-Event Currywurst & Bier bringt schon seit vielen Jahren Studenten-Startups mit Ruhr-Industrie und Investoren zusammen. Zudem hat sich mit der Gründung des Social Impact Labs auf dem Gelände des Duisburger Konzerns Haniel ein Hotspot für Social Entrepreneurship gebildet, der mit dem ImpactSummit als Subevent des RuhrSummit auch gleich die größte Konferenz für Social Entrepreneurship auf die Beine gestellt hat.

Aber auch von Seiten der Industrie und Wirtschaft im Ruhrgebiet geht immer mehr Bewegung aus. Allen voran macht

ACCELERATOR

Acceleratoren sind Förderprogramme für Startups in der frühen Phase, deren Geschäftsmodell schon auf einigermaßen sicheren Füßen steht. Ziel des Programmes ist es, die Entwicklung und das Wachstum des Startups zu beschleunigen und zwar vor allem mit intensivem Coaching durch Mentoren und mit dem Zugriff auf das Netzwerk der Organisation oder des Unternehmens, welches das Programm anbietet. Bei einigen Anbietern ist auch eine finanzielle Unterstützung enthalten. Die Förderung geht über einen Zeitraum von einigen Wochen bis hin zu drei Monaten. Im Gegenzug für das Coaching gibt das Startup meistens Unternehmensanteile ab. Das Programm wird in der Regel mit einem Demo Day abgeschlossen, an dem die Startups die Chance haben, ihre Geschäftsidee vor Investoren oder Unternehmen zu pitchen.

INKUBATOR

Inkubatoren sind Förderprogramme für Startup-Teams in der frühen Phase, deren Geschäftsidee oder Businessmodell noch nicht ganz ausgereift ist. Bietet ein großes Unternehmen oder ein Konzern ein Inkubator-Programm an, werden dort oft für interne Geschäftsideen externe Gründerteams ins Unternehmen geholt, welche die Ideen ausarbeiten und ein Unternehmen daraus gründen. Der Begriff kommt aus der Medizin und bedeutet so viel wie „Brutkasten". Anders als beim Accelerator steht nicht die Wachstumsbeschleunigung im Fokus. Vielmehr geht es darum, ideale Bedingungen für das Gründerteam zu schaffen, um ein erfolgreiches Business zu starten. Die Programme beinhalten in der Regel ein intensives Mentoring durch Coaches und die Bereitstellung von Arbeitsplätzen. Die Unterstützung erfolgt meistens über mehrere Monate.

sich hier der Initiativkreis Ruhr, das Wirtschaftsbündnis aus mehr als 70 Konzernen und Unternehmen der Region, stark für die Förderung der Gründerkultur in der Region. Neben der Unterstützung von Events wie dem RuhrSummit oder den Szene-Portalen RuhrGründer und Startups Ruhr, hat er in Kooperation mit der NRW-Bank und dem Gründerfonds Ruhr einen Venture Capital Fonds für Startups der Region aufgesetzt, und sorgt damit vielleicht für ein ansteigendes Interesse der VC-Landschaft, die im Ruhrgebiet bisher kaum existent ist – abgesehen vom Business Angels Netzwerk Deutschland, das in Essen seinen Sitz hat und dessen Vorsitzende Dr. Ute Günther sich zusammen mit Dr. Roland Kirchhof ebenfalls für ein ruhrgebietsweites Startup-Ökosystem stark macht.

Viele Unternehmen setzen mittlerweile auch auf ein Miteinander von Corporates und Startups zur Entwicklung kreativer Lösungen im Zuge der Digitalisierung. Dazu werden oft unternehmenseigene Acceleratoren, Labs und Programme aufgesetzt oder Räume geschaffen, in denen sich Startups, etablierte Unternehmen, Studierende und Wirtschaftsförderer auf Augenhöhe begegnen. Etwa

beim E-Commerce Accelerator STARBUZZ oder im ruhr:HUB.

Diese Entwicklungen hin zu einem wachsenden Startup-Ökosystem im Ruhrgebiet sind noch sehr frisch. Wir sind selbst darauf gespannt, wohin die Reise der Gründerszene Ruhr geht. Es ist aus unterschiedlichen Richtungen etwas angestoßen worden, was eine Eigendynamik entwickelt hat. Davon zeugen die vielen Beispiele in diesem Buch. Und vielleicht ist dieses Buch ein weiterer kleiner Baustein in dieser rasanten Entwicklung hin zu einer Gründerszene Ruhr.

SOCIAL ENTREPRENEURSHIP / SOCIAL INNOVATION

Als Social Enterprise bezeichnet man ein Unternehmen oder eine Gründungsidee, deren primäres Ziel es ist, soziale Probleme zu bekämpfen und/oder eine bessere Gesellschaft zu schaffen. Der Unterschied zur Social Innovation besteht in der zwingend unternehmerischen Tätigkeit sowie in der Anwendung auch herkömmlicher Verfahren, wohingegen die soziale Innovation die Implementierung neuartiger Verfahren, die zur Veränderung sozialer Praktiken führen, bezeichnet, unabhängig von der Wirtschaftlichkeit.

Hier trifft sich die Gründerszene Ruhr

Es gibt inzwischen eine große Bandbreite an verschiedenen Veranstaltungen für Gründer und Startups im Ruhrgebiet. Eine Übersicht, über das, was aktuell los ist, findet man im Web auf www.ruhrgruender.de/events.

Networking

3RD WEDNESDAY

Die Kontaktbörse für Gründer, Unternehmer, Investoren und Berater

Wann? Jeden 3. Mittwoch im Monat

Wo? e-port in Dortmund

BUSINESS & MORE

Der Gründertreff für die Gründerszene in Dortmund und Umgebung

Wann? Jeden 1. Dienstag in den geraden Monaten

Wo? Meistens in der Ruhrpott-Lounge im Hotel Esplanade, Dortmund

BOCHUMER GRÜNDERSTAMMTISCH

Treffpunkt für die Gründerszene in Bochum und Umgebung

Wann? Meistens einmal im Monat

Wo? In wechselnden jungen Gastronomien oder Unternehmen in Bochum

CURRYWURST & BIER

Der Semestertreff für Innovatoren an der Uni Duisburg-Essen

Wann? Einmal im Semester

Wo? Abwechselnd am Campus Duisburg und Essen

MITBRINGFRÜHSTÜCK

Das Networking-Frühstück mit Gründern, Freelancern und jungen Unternehmen

Wann? An einem Freitag im Monat

Wo? In einem der Coworking Spaces vom Work Inn in Dortmund

PIZZA MEETUP

Die Mittagspause mit frischem Input zu digitalen Themen, ergänzt durch Pizza und Networking und nur für Gründerinnen

Wann? Jeden ersten Mittwoch im Monat

Wo? GründerinnenZentrum Dortmund

Events

SKILLSHARE LUNCH

Mittagessen, Networking und Input zu unterschiedlichen Themen

Wann? Jeder 3. Dienstag im Monat

Wo? Impact Hub Ruhr in Essen

STARTUP FRÜHSTÜCK

Networking-Frühstück für Startups

Wann? Einmal freitags im Monat

Wo? ruhr:HUB, Essen

STARTUP NIGHTS (ESSEN UND DORTMUND)

Kurze, knackige Impulsvorträge zu wechselnden Themen, Startup-Pitches und Networking

Wann? Einmal im Monat

Wo? Abwechselnd in Essen und Dortmund

BIZSLAM

„Erfolgreich gescheitert oder zufällig erfolgreich" – Gründer „slammen" aus ihrem Unternehmerleben in sehr unterhaltsamen 7-Minuten-Vorträgen

Wann? Ein bis zwei Mal im Jahr

Wo? Bochum

CREATIVE STAGE

Kreative aus dem Ruhrgebiet stellen sich und ihre Projekte oder Unternehmen vor – in kurzen 8-Minuten-Vorträgen

Wann? Ein bis mehrmals im Jahr

Wo? In wechselnden Städten des Ruhrgebiets

FUCKUP NIGHTS RUHRGEBIET

Unternehmer präsentieren ihre Business-Fails, Fuckups und Misserfolge

Wann? Mehrmals im Jahr

Wo? In wechselnden Städten des Ruhrgebiets

GO4IT CAMP

Das Barcamp für Gründer im Ruhrgebiet

Wann? Einmal im Jahr

Wo? Im Work Inn Dortmund

GRÜNER-FORUM NRW

Konferenz für Startups, Wirtschaft, Wissenschaft und Politik

Wann? Einmal im Jahr

Wo? In wechselnden Städten im Ruhrgebiet

KOKS.DIGITAL

Die Konferenz für Digitales Marketing

Wann? Einmal im Jahr

Wo? Bochum

RUHRSUMMIT

Die größte Startup-Konferenz im Ruhrgebiet

Wann? Einmal im Jahr

Wo? In wechselnden Städten im Ruhrgebiet

5 EURO STARTUP

Ideenwettbewerb mit viel Kreativität und wenig Kapital

Wann? Ab 2018 einmal im Jahr

Wo? In wechselnden Ruhrgebietsstädten

STARTUP KICKERN

Startups, Mittelstand und Konzerne liefern sich spannende Kicker-Duelle und Diskussionen

Wann? Zwei bis drei Mal im Jahr

Wo? In wechselnden Ruhrgebietsstädten

STARTUP WEEKEND

In 54 Stunden zum Startup!

Wann? Einmal im Jahr

Wo? Work Inn Dortmund

STARTUPWEEK:RUHR

Eine Woche voller Startup-Events

Wann? Einmal im Jahr

Wo? Gleichzeitig in vielen Ruhrgebietsstädten

WESTVISIONS

Event für die junge digitale Community im Ruhrgebiet
Wann? Ein bis zwei Mal im Jahr
Wo? Landschaftspark Duisburg-Nord

Messen

STARTUPRUHR DEMO NIGHT

Startups aus dem Ruhrgebiet präsentieren sich mit ihren Produkten und Services dem Publikum aus Investoren, Industrie und Unternehmen
Wann? Einmal im Jahr
Wo? In wechselnden Ruhrgebietsstädten

DIE INITIALE

Die Messe für Startups und Gründer mit Wachstumsambitionen
Wann? Einmal im Jahr
Wo? Kongresszentrum Westfalenhallen Dortmund

GRÜNDUNGSMESSE STARTUP MITTLERES RUHRGEBIET

Die Plattform für alle Gründerinnen und Gründer aus Bochum, Herne, Witten und Hattingen
Wann? Einmal im Jahr
Wo? Bochum

Pitch-Events

BA(A)RSUCCESS AM MONTAG

Szenetreff im Ruhrgebiet für Business Angels, Venture Capitalists, Startups, Consultants
Wann? Zweimal im Jahr
Wo? Tectrum in Duisburg

START2GROW VENTURE CAPITAL ROUNDTABLE DORTMUND

Zehn innovative Startups präsentieren ihr Geschäftskonzept vor Investoren
Wann? Einmal im Jahr
Wo? Dortmund

RuhrSummit: Wie aus einem Telefongespräch die größte Startup-Konferenz im Ruhrgebiet wurde

TEXT
Oliver Weimann

FOTOS
Caro Tolkemit

Lange hieß es, im Pott gäbe es keine Startups! Das war natürlich genauso völliger Quatsch, wie der aktuell häufig vermittelte Eindruck, dass Startups überall auf den Bäumen wachsen und man die innovativen Jungs und Mädels nur „pflücken“ müsste.

Blicken wir zwei Jahre zurück, gab es natürlich schon einige wahnsinnig erfolgreiche Startups in der Region wie meinpraktikum.de und Urlaubsguru sowie erste Startup-Events wie Ruhrpottlegenden, Fuckup-Nights und Startup-Nights. An den Universitäten gab es, getrieben von den bestehenden Businessplan-Wettbewerben und Initiativen, erste Stammtische, jedoch nichts allgemein Etabliertes.
Carmen von Ruhrgruender.de und ich sind uns 2015 immer wieder über den Weg gelaufen, und wir haben immer wieder gescherzt: „Wir müssen mal reden, wir müssen was

zusammen machen." In einem längeren Telefonat schließlich fiel die Entscheidung, es soll einen ersten RuhrSummit geben! Gesagt, getan. Ganz „startuplike" wurde ein Pitch Deck zusammengebaut, ein Termin beim Initiativkreis Ruhr „erschlichen" und ein „Proof of Concept" gewagt. An dieser Stelle nochmals ein ganz besonderer Dank an die Herren Opalka, Icking und Thiel, die auf Basis ein paar bunter Slides, offener Worte und leuchtender Augen ihr „Go" gegeben haben. Ohne euch wäre dies alles nicht möglich gewesen!

Mit Mini-Budget in 15 Wochen ein Groß-Event auf die Beine stellen

Mitte April 2016 hatten wir also ein Mini-Budget und mit der Deutschen Bank und Amazon Web Services zwei Premium-Partner für den ersten RuhrSummit gewonnen – allerdings auch nur noch knapp 15 Wochen, um das Event wirklich zusammenzubringen. Als Ort des Geschehens war bereits im Vorfeld die Zeche Carl in Essen angefragt worden – parallel wurden viele Multiplikatoren der Region abgeholt. Dirk Sander vom Social Impact Lab war ebenfalls bereits Feuer und Flamme und hat sein Commitment zum ImpactSummit gegeben. Die eigentliche Arbeit begann jedoch genau dann.

Ich könnte die nächsten zwei bis drei Abschnitte für Danksagungen verwenden, da wir wirklich von einer breiten Welle der Unterstützung getragen wurden. Ein solches Event neben dem eigentlichen Tagesgeschäft auf die Beine zu stellen, führt jedoch unweigerlich zu Stress, langen Tagen und einiger Reibung... Neben den bereits Erwähnten, Carmen und Dirk, müssen vor allen anderen André van der Mee und Johannes Mondon erwähnt werden, ohne die es die Events #RS2016 und #RS2017 niemals gegeben hätte.

650 Teilnehmer – 150 Startups – 50 Speaker

Allen Mitgliedern der Startup-Szene im Ruhrgebiet ist der 28. Juli 2016 noch lebendig in Erinnerung, der Tag der immer wieder als Geburtsstunde der Szene genannt wird. Ja, natürlich gab es ewig lange Schlangen vor dem Einlass und ja, wir haben etwas später angefangen und ja, die Präsentationen liefen nicht immer optimal, aber wir alle haben die gesetzten Erwartungen schlichtweg gemeinsam pulverisiert! 650 Teilnehmer (!), weit über 50 Referenten, über 150 Startups, knapp 300 gematchte Gespräche zwischen Startups & Corporates oder Investoren (inkl. Investitionen,

Pilotprojekten, Kooperationen) – und ein Tag, der für uns wie im Flug verging! Großartig!!!

Und sofort war klar, auch in 2017 wird es einen RuhrSummit geben und dieser wird natürlich nicht in Essen stattfinden. Die Wahl fiel auf das Dortmunder U, eine Location mit Strahlkraft und vielen Möglichkeiten, und wir hatten über ein Jahr Zeit, das Event vorzubereiten. Allerdings galt es nun, eine stark veränderte Erwartungshaltung zu befriedigen. Heute stehen wir hier, zwei bis drei Wochen vor dem Event und werden die Teilnehmerzahl nochmals etwa verdoppeln (für jeden der beiden Tage). Wir können auf ein Line-Up blicken, welches sowohl Vorstände von National Bank, thyssenkrupp und WILO beinhaltet, wie auch „Celebrities" wie Eckhart von Hirschhausen, Titus Dittmann und Hans Sarpei sowie erfolgreiche Startup-Gründer wie Lior Sethon, René Köhler, Stefan Peukert und Fabian Heilemann. Mit dem InternationalSummit ist ein weiteres Sub-Event hinzugekommen, für das sich Dominik Stute von der IHK Dortmund und Michael Blank vom DIHK in den letzten Monaten mit aller Kraft und Leidenschaft eingebracht haben – danke dafür!

Mit RuhrSummit der Szene eine Plattform geben

Aber natürlich gibt es auch die Side-Notes, die Fuckups, die Frustrationen und Learnings, wenn man feststellt, dass Zusagen von Konzernen einige Zeit dauern, das Speaker kurzfristig wegbrechen oder eine Veranstaltung in einem Museum zu gänzlich unerwarteten Einschränkungen führt. Ohne euch Besucher, Startups und Multiplikatoren wäre eine solche Story einfach nicht denkbar gewesen. Deswegen sind wir bei aller Freude, bei allem Erfolg und bei allen Emotionen vor allem auch demütig. Wir haben die Szene nicht geschaffen, sondern ihr eine Plattform gegeben und ohne das vielfältige Commitment hätten wir im Ruhrgebiet jetzt keines der Top 5 Startup-Events in Deutschland.

Was soll ich sagen, wir haben in den letzten 18 Monaten eine spannende Reise hinter uns gebracht und können hiermit schon verkünden, es wird auch im Oktober 2018 erneut einen RuhrSummit geben! Wir sind unseren beiden Zielen – „für einen Moment das Scheinwerferlicht der Startup-Szene auf das Ruhrgebiet zu lenken" und „den Startups der Region ein richtig cooles Event zu bescheren" – sicherlich ein gutes Stück nähergekommen.

Keep on rocking – wir freuen uns auf #RS2017 und schon jetzt auf #RS2018!

Oliver Weimann ist Founder der 360 Online Performance Group und gründete 2007 sein erstes digitales Startup. Mit der 360 investiert er in Early Stage Startups und berät Corporates bei der digitalen Transformation ihrer Geschäftsbereiche. Seine Spezialität ist die Entwicklung innovativer Geschäftsmodelle. Oliver ist Initiator des RuhrSummit und seit Ende 2016 Geschäftsführer des ruhr:HUB.

www.oliverweimann.com
www.360opg.de

Work Inn: In vier Jahren zur größten Coworking-Community im Ruhrgebiet

TEXT
Carmen Radeck

FOTOS
Carmen Radeck

Tim Schabskys Tipp für Gründer

„DEIN STARTUP IST EIN SPIEGELBILD DEINER PERSÖNLICHKEIT. VERBESSERE DICH SELBST, DANN VERBESSERST DU DEINE FIRMA."

Als Dörte und Tim Schabsky gerade mit dem Uni-Abschluss in der Tasche und viel Enthusiasmus einen Coworking Space in Dortmund eröffneten, mussten sie erst einmal feststellen, dass der Begriff „Coworking" im Ruhrgebiet ein Fremdwort war. Nicht zuletzt wegen ihrer unermüdlichen Überzeugungsarbeit ist Coworking inzwischen im Ruhrgebiet angekommen und das Work Inn mit knapp 200 Coworkern und vier Standorten in Dortmund die größte Coworking Community im Ruhrgebiet.

Die Idee: Den Coworking-Spirit ins Ruhrgebiet bringen

Die Work Inn-Story beginnt im Januar 2014 im Gewerbegebiet von Dortmund-Wickede. Aus den ehemaligen Büroräumen einer Schuhfabrik machen Dörte und Tim ihren ersten Coworking Space. Die Idee dazu kam dem Ehepaar während seines Studienaufenthalts in London, wo es an so gut wie jeder Ecke einen Coworking Space gibt. Warum sollte das nicht auch in Dortmund funktionieren?

Diese Frage machten Tim und Dörte jeweils zum Thema ihrer Uni-Abschlussarbeiten. Während Tim, der Immobilienwirtschaft studierte, sich für seine Arbeit damit beschäftigte, ob und wie sich ein Coworking Space rechnet, stellte sich Dörte für den Abschluss ihres Übersetzungsstudiums die Frage, ob ein Coworking Space ein sinnvoller Arbeitsort für Übersetzer sein könnte.

Für ihre Recherchen befragten die beiden unzählige Coworker und Betreiber von Spaces, nicht nur in England, auch in Deutschland und den USA. Drei Monate schrieben sie an ihren Masterarbeiten. Genauso lang schwebte die Frage im Raum: „Machen wir's oder nicht?“ Während Dörtes Begeisterung für Coworking Spaces stetig wuchs, schlichen sich bei Tim auch schon mal Zweifel ein: Er hatte bei seinen Recherchen nicht nur die Erfolgsmodelle vor Augen, sondern auch die Pleiten. Dörte hingegen fand heraus, was in Coworking Spaces Positives passieren kann, welche Netzwerke entstehen können und was es den Menschen an Mehrwert bietet, dort zu arbeiten. Am Ende war auch Tim davon überzeugt, dass es in Dortmund mit einem eigenen Coworking Space klappen könnte.

Den sicheren Bank-Job schmeißen und sein eigenes Ding starten

Die beiden waren bereit, den Schritt in die Selbstständigkeit zu wagen, auch wenn Tim dafür seinen sicheren Job bei der Bank aufgeben musste. „Im Hinterkopf hatte ich schon immer, dass ich nicht den Rest meines Lebens angestellt sein will“, sagt Tim. Sein eigenes Ding zu starten und Entscheidungen und Konzepte nicht jedes Mal von Vorgesetzten kontrollieren und abzeichnen lassen zu müssen, waren klare Anreize für ihn. Für Dörte als fertig ausgebildete Gymnasiallehrerin und nun auch Übersetzerin gab es gleich mehrere Optionen, welchen Weg sie nach dem Studium einschlagen könnte. Für die Gründung des eigenen Unternehmens überzeugten sie vor allem zwei Überlegungen: „Zum einen die Möglichkeit, einen Arbeitsplatz zu gestalten und zu schaffen, an dem es mir Spaß macht zu arbeiten, und zum anderen, dass Tim und ich den Tag zusammen verbringen können. Wenn wir jeder unseren Job hätten, wären wir die meiste Zeit des Lebens in unterschiedlichen Welten unterwegs – und das wollte ich nicht.“

Mit Tims Abschlussarbeit als Grundlage für den Businessplan, eröffneten die beiden im Januar 2014 ihren ersten Coworking Space in Dortmund-Wickede. Und standen gleich vor dem ersten großen Problem: Das Konzept des Coworking war im Ruhrgebiet so gut wie unbekannt. Die Hauptaufgabe der beiden Gründer war deswegen, Erklär- und Überzeugungsarbeit für eine neue Art zu arbeiten zu leisten. „Das haben wir uns definitiv einfacher vorgestellt“, gibt Tim rückblickend zu. Um potenzielle Coworker in ihren Space zu holen, initiierten Dörte und Tim unter anderem eine ganze Reihe eigener Veranstaltungen, angefangen mit einem regelmäßigen Networking-Frühstück bis hin zu größeren Events, die sie mit zusammen mit anderen Gründern und Partnern

organisieren, wie das Startup Kickern, die Fuckup Nights, das Startup Weekend oder ein eigenes Gründer-Barcamp. Nach den ersten Startschwierigkeiten füllte sich der Space nach und nach und ist heute eine sichere Bank des Unternehmens.

Das Work Inn wächst: Jedes Jahr ein neuer Coworking Space

Ein Jahr später expandierten die Schabskys und gingen für neue Standorte Kooperationen mit den Technologiezentren in Dortmund und Kamen ein. Im e-port, direkt am Dortmunder Hafen, gründeten Tim und Dörte ihren zweiten Coworking Space. In drei Räumen mit Küche und Lounge ist hier vor allem offenes Coworking angesagt.

Ebenfalls 2015 eröffneten die beiden ihren ersten Coworking Space außerhalb Dortmunds, im Technopark Kamen. Eigentlich keine große Sache: Es braucht nur zehn Coworker, damit sich der Standort trägt. „Zehn Coworker müssen doch auf jeden Fall machbar sein, hab ich damals gedacht", sagt Tim. Doch was sich nach einem Klacks anhört, war für

eine kleine Stadt wie Kamen vielleicht noch zu viel. Nach einem Jahr macht Tim das Work Inn Kamen dicht.

Ab 2016 wird größer gedacht. Tim und Dörte mieten die siebte Etage eines Bürogebäudes an der Hohen Straße mitten in der Dortmunder City an. Bis zum Dortmunder U und dem Westfalenstadion kann man von hier aus blicken. Die mehr als 400 Quadratmeter teilen sich ein offener Coworkingbereich mit mehreren kleinen Büros, Seminarraum und Lounge. Seit der Eröffnung im Mai 2016 hat sich hier inzwischen eine bunte Mischung aus Freelancern, Soloselbstständigen, kleinen Unternehmen und Startups angesiedelt. Auch einige Angestellte von Großkonzernen aus der Schweiz oder Japan haben hier ihr Büro oder einen Schreibtisch – ein Trend, den Tim verstärkt wahrnimmt: „Es kommen immer mehr Anfragen von Mitarbeitern aus Unternehmen in Großstädten, die zum Beispiel aus familiären Gründen ins Ruhrgebiet ziehen und dann von hier aus für das Unternehmen weiterarbeiten".

Diese Mischung aus etablierten Unternehmen, Startups und Selbstständigen

bestimmt auch den neuen Coworking Space direkt am Campus der Universität Dortmund. Die Nähe zur Uni soll das Work Inn auch für Studenten interessant machen. Nach der Eröffnung ihres Coworking Flagships über den Dächern der Dortmunder City ist das Work Inn Campus nochmal eine Nummer größer: Die Fläche von knapp 900 Quadratmetern verteilt sich auf vier Etagen. Während das Erdgeschoss hauptsächlich aus einem großflächigen Coworking-Bereich, einer Lounge und einigen kleinen Büros besteht, hat sich in der ersten Etage das IT-Unternehmen Swisslog eingemietet. Die zweite Etage teilt sich das Virtual Reality-Startup viality mit einem weiteren Coworking-Bereich und einer Bar.

Zukunftspläne für die größte Coworking-Community im Ruhrgebiet

Mit knapp 200 Coworkern und vier Coworking Spaces hat das Work Inn in vier Jahren die bislang größte Coworking-Community im Ruhrgebiet aufgebaut und will auch in Zukunft weiter wachsen, vielleicht sogar über die Grenzen Dortmunds und des Ruhrgebiets hinaus. Zunächst geht es Tim und Dörte allerdings darum, ihre Marke zu stärken und die Community auszubauen. Inzwischen haben die Schabskys zwei Mitarbeiter und einige Bereiche wie Onlinemarketing, Blog und Social Media an Freelancer und Agenturen ausgelagert. Mit „Work Digital“ haben sie zudem gemeinsam mit Coworker Dennis Arntjen von KMU Digital ein eigenes Accelerator-Programm aufgesetzt, mit dem sie Startups beim Vertriebsaufbau unterstützen und mit mittelständischen Unternehmen zusammenbringen möchten. Und damit auch im Privatleben keine Langeweile aufkommt, sind Dörte und Tim vor zwei Jahren stolze Eltern einer Tochter geworden. Die ist natürlich längst festes Mitglied der Coworking Community.

Urlaubsguru: Wie aus einem Reiseblog ein Unternehmen mit 180 Mitarbeitern wurde

TEXT
Carmen Radeck

FOTOS
Carmen Radeck, UNIQ GmbH

Fünf erfolgreiche Schnäppchen-Portale in elf Nationen und mehr als 180 Mitarbeiter. Was Daniel Krahn und Daniel Marx mit Urlaubsguru in gerade mal fünf Jahren geschafft haben, davon können die meisten Startups nur träumen. „Wenn uns damals jemand gesagt hätte, wo wir heute stehen, dann hätten wir ihn ausgelacht", sagt Daniel Krahn schmunzelnd.

Urlaubsguru ist die Startup-Erfolgsgeschichte im Ruhrgebiet. Nicht nur, weil die UNIQ GmbH, wie das Unternehmen inzwischen heißt, ein erfolgreiches Online-Portal nach dem anderen an den Start bringt, sondern auch, weil „die beiden Daniels" trotz des rasanten Wachstums ihres Unternehmens immer noch zwei Jungs aus dem Pott sind, die gar nicht daran denken, das Ruhrgebiet zu verlassen. Warum auch? Für Reisen in die weite Welt, zu Terminen, Konferenzen und Preisverleihungen liegt der Dortmunder Flughafen direkt vor der Tür. Und das im wahrsten Sinne des Wortes. Unmittelbar gegenüber des Flughafens in Holzwickede hat die UNIQ GmbH ihren Firmensitz: 1600 m^2 verteilt über drei Etagen. Auch im Nebengebäude hat sich das stetig wachsende Team schon ausgebreitet.

„Das Projekt hat von Anfang an eine Eigendynamik entwickelt, mit der wir so gar nicht gerechnet haben"

Doch wie haben die beiden Daniels das geschafft? Wie konnte aus einem kleinen Schnäppchenblog für Urlaubsreisen ein Unternehmen mit 180 Mitarbeitern werden? „Das ganze Projekt hat von Anfang an eine Eigendynamik entwickelt, mit der wir so gar nicht gerechnet haben", sagt Daniel Krahn. Die Idee zu ihrem Schnäppchen-Portal heckten die beiden langjährigen Schulfreunde im Sommer 2012 bei einem kühlen Bierchen auf dem Balkon aus. Zu der Zeit war ihre Leidenschaft für Reisen in ferne Länder zu Schnäppchenpreisen bereits über ihren Freundeskreis hinaus bekannt. „Wir sind in der ganzen Welt herumgereist, ob nach Asien, Mittelamerika oder in die USA. Da haben sich viele unserer Freunde gefragt, wie wir das machen", erzählt Daniel Krahn und macht aus der Antwort auch kein Geheimnis: „Man muss im Internet nur die Augen offen halten und wissen, wo man wann sucht."

Doch nicht jeder findet Gefallen daran, stundenlang im Internet nach tollen Reiseschnäppchen zu suchen. „Wir hatten einfach viel Spaß dabei, und es ist wirklich klasse, wenn man ein Angebot findet, bei dem man zum Beispiel für 60 Euro drei Tage nach Venedig fliegen kann, Hotel inklusive." So kam es immer häufiger vor, dass die beiden erst Freunden, später auch Freundesfreunden dabei halfen, günstig in den Urlaub zu reisen. „Da entstand dann schließlich die Idee, eine Online-Plattform zu gründen, auf der wir die Schnäppchen, die wir privat finden, gleich online stellen können." In den nötigen Skills, so einen Blog schnell aufzubauen – die Technik bereitzustellen und Content zu schaffen – ergänzten sich die beiden Kumpels perfekt. Arbeitete Daniel Krahn hauptberuflich bei einer Tageszeitung, verdiente Daniel Marx sein Geld als IT-Profi bei einem Bochumer Software-Unternehmen.

3 Tage Budapest für sechs Euro, 3333 Facebook-Fans und erste Mitarbeiter

Kaum war der Urlaubsguru online, ging es auch schon los. „Im Juli 2012 haben wir den Blog gestartet, im August gingen die ersten Deals online und im Dezember feierten wir schon 3333 Facebook-Fans", schildert Daniel Krahn die rasante Startphase. Ein echter Knaller-Deal verschaffte den beiden Daniels erste große Aufmerksamkeit in den Medien: Im Januar 2013 nämlich stellte der Urlaubsguru seinen Lesern eine Möglichkeit vor, drei Tage Budapest für sechs Euro zu buchen – inklusive Flüge und Hotel. „Alles legitim und ohne versteckte Kosten", betont Daniel Krahn.

Den Urlaubsguru von der heimischen Couch aus zu bespielen, war schon bald nicht mehr möglich. „Es kamen immer mehr individuelle Anfragen von unseren Lesern." Die beiden Gründer mieteten ein Büro in ihrer Heimatstadt Unna und stellten die ersten Mini-Jobber ein, die sie bei der Schnäppchensuche und bei den Kundenanfragen unterstützen sollten. Inzwischen tummeln sich täglich tausende Besucher auf der Seite. Zeit und Muße, einen Businessplan für ihr Unternehmen zu schreiben, hatten die beiden Daniels nicht. Auch von Affiliate-Marketing als Geschäftsmodell für ihren Blog wussten sie zunächst nur wenig. „Wir sind einfach mit den Aufgaben gewachsen, die der Urlaubsguru uns vor die Füße warf." Im März 2013 geht mit Schnäppchenfee das zweite Online-Portal an den Start. Beide Blogs machen bald so viel Umsatz, dass sich Daniel Krahn entschließt, seinen Job zu kündigen und Vollzeit-Unternehmer zu werden.

Der große Durchbruch gelingt dem Startup am 15. Juli 2013. An diesem denkwürdigen Tag strahlt RTL EXTRA einen

Beitrag über den Urlaubsguru aus. „Ab dann war nichts mehr wie es war.“ Die Zahl der Fans, die Anfragen und die Buchungen explodieren regelrecht. Jetzt ist es auch für Daniel Marx an der Zeit, sein Angestellten-Dasein aufzugeben und hauptberuflicher Urlaubsguru zu werden.

Von 84 m² in Unna auf 1600 am Dortmunder Flughafen

In dieser Zeit erreichen Urlaubsguru schon täglich Reiseanfragen im dreistelligen Bereich. Schnell gehen auch die ersten internationalen Internetauftritte des Portals an den Start, zuerst in der Schweiz und in Österreich. Mit Captain Kreuzfahrt bringen die Gründer ein weiteres Schnäppchenportal online. Das alles passiert im Jahr 2013. Inzwischen gehören mehr als 30 Mitarbeiter zum Team. Das 84 m²-Büro platzt aus allen Nähten. Doch der ideale Standort für den stetig wachsenden Urlaubsguru ist schon in Sichtweite. Im Nachbarörtchen Holzwickede entsteht direkt gegenüber des Dortmunder Flughafens ein neues Bürogebäude. Dort mieten die Urlaubsgurus zunächst ein 400 m²-Großraumbüro. Es dauert nicht lange, da müssen zwei weitere Etagen in gleicher Größe dazugemietet werden. Zu der wachsenden Medienpräsenz beginnen die beiden Daniels nun auch Preise einzuheimsen: Vom TV-Newcomer des Jahres 2014 von deutsche-startups.de über den Gründerpreis NRW bis hin zum Bürger des Ruhrgebiets.

Mit mein-haustier.de und prinz-sportlich.de starten sie weitere Online-Portale. Aber auch offline wird das Unternehmen aktiv. Gezwungenermaßen sozusagen, denn immer mehr reisebegeisterte Schnäppchensucher, besonders die der internetfernen Generation, besuchen die Urlaubsgurus in ihrem Büro und lassen sich beraten. Im April 2017 eröffnen die beiden Daniels deshalb ihren ersten Urlaubsguru-Store als Testprojekt. Schnell steht fest: Bei dem einen wird es nicht bleiben. Doch nicht nur online und offline beschreiten die beiden Gründer neue Wege. Um ihr Unternehmen auch in Zukunft erfolgreich weiterzuführen, arbeiten sie an der Neuausrichtung ihres Geschäftsmodells, weg

vom Affiliate-Marketing hin zur eigenen Buchungsstrecke.

Auch wenn es die beiden Daniels als Gründer und Geschäftsführer sind, die wegen des Erfolgs ihres Startups im Rampenlicht stehen, betonen beide immer wieder, dass diese Entwicklung nie ohne das Team dahinter möglich gewesen wäre. Um gute Mitarbeiter anzulocken und im Unternehmen zu halten, scheuen die beiden Chefs keine Kosten und Mühen. Schon früh sorgten sie mit der Anstellung eines Feelgood-Managers für Aufsehen in den Medien und in der Unternehmerwelt. Genauso mit der Ausschreibung für das „Praktikum deines Lebens", für das sie 2015 eine Praktikantin auf Weltreise schickten, um Reiseziele für Urlaubsguru zu testen. Erst im September 2017 belohnten die beiden Gründer ihr komplettes Team mit einer ganz besonderen Aktion: Mit mehr als 160 ihrer Mitarbeiter machten sich die beiden auf einen gemeinsamen „Betriebsausflug" nach Las Vegas. Die große Kunst des Teambuildings beherrschen die zwei Jungunternehmer perfekt. Dabei hatten sie kaum Vorerfahrung in Mitarbeiterführung, geschweige denn darin, ein Team dieser Größe aufzubauen und zu organisieren. Wie haben sie das gemacht?

Interview mit Urlaubsguru: Wie man erfolgreich ein Team mit 180 Mitarbeitern führt

Wann habt Ihr damit begonnen, Verantwortung an Mitarbeiter abzugeben und aus dem Zwei-Mann-Betrieb ein Unternehmen entstehen zu lassen?

Daniel Krahn: *Als wir gemerkt haben, dass es zeitlich nicht mehr hinhaut, alle Aufgaben selbst zu erledigen. Dabei war der Schritt, die Aufgaben einem Mitarbeiter zu übergeben, den man vielleicht noch nicht so lange kennt, anfangs für uns schon schwer. Das ist heute manchmal noch so. Definitiv ein Punkt, an dem wir immer noch arbeiten müssen.*

Welche Aufgaben habt Ihr als erstes abgegeben?

Daniel Marx: *Zuerst hauptsächlich Redakteursarbeit. Danach hatten wir auch jemanden, der sich auf die Schnäppchensuche spezialisiert hat. Unsere Aufgabe war dann hauptsächlich, uns ums Partner-Management zu kümmern, bis wir auch dort merkten, dass es immer mehr wurde und wir auch hier Unterstützung brauchten.*

Ihr habt also vor allem immer dann Verantwortung abgegeben, wenn etwas für Euch allein zu viel wurde oder es neue Aufgaben gab?

Daniel Marx: *Ja, das kann man so sagen. Parallel dazu haben sich auch weitere Strukturen entwickelt, als wir feststellen mussten, dass wir es manchmal sind, die das Team verlangsamen.*

Wie hat sich das bemerkbar gemacht?

Daniel Krahn: *Indem Leute aus unserem Team bei einer Entscheidungsfrage auf unser Ja oder Nein warten mussten, während wir beispielsweise gerade in einem 90-Minuten-Meeting*

saßen. Da war ganz klar, dass wir in solchen Situationen Verantwortung abgeben müssen, um die Abläufe im Unternehmen nicht zu verlangsamen. Das ist schließlich einer der großen Vorteile, den wir als Startup gegenüber großen Firmen haben: dass wir Entscheidungen schneller und effizienter treffen und umsetzen können.

> Wann kam für Euch der Zeitpunkt, Hierarchien einzuführen?

Daniel Marx: *Wenn du weißt, dass du einen Meeting-Plan hast, der von morgens bis abends gefüllt ist, du zwar den guten Willen besitzt, dich mit jedem Mitarbeiter einmal in der Woche an den Tisch zu setzen, dir dann aber klar wird, dass du zu nichts mehr kommst. Also wirklich zu gar nichts mehr. Vor allem nicht zur Vor- oder Nachbereitung dieser Meetings.*

Daniel Krahn: *Das war sozusagen die Geburtsstunde der Abteilungsleiter. Was wir auch integriert haben, ist einen dritten Mann neben uns in der Hierarchie. Offiziell heißt er Assistenz der Geschäftsführung, inoffiziell: der dritte Mann. Wenn wir also gerade nicht greifbar sind, jemand aus dem Team aber eine Entscheidung benötigt, geht er zu ihm. Das ist wirklich Gold wert.*

Mit Eurem Betriebsausflug nach Las Vegas oder der Einführung eines Feelgood-Managements spiegelt Ihr eine ganz bestimmte Unternehmenskultur nach außen. Wie kam es dazu?

Daniel Krahn: *Das Erfolgsrezept unseres Unternehmens waren ja die sensationell guten Reise-Deals. Die haben wir nicht irgendwo kopiert, wir hatten auch keinen Algorithmus oder irgendein Tool. Das war unser Know-how und das unserer Mitarbeiter. Von daher wussten wir sofort: Wir haben keine Maschine, die wir regelmäßig warten und ölen müssen, sondern wir haben hier Menschen sitzen. Und wenn die von heute auf morgen keinen Bock mehr auf uns haben, haben wir ein generelles Problem mit der Firma. Deswegen war es uns schon aus dieser Sicht sehr, sehr wichtig, dass wir Leute haben, denen es Spaß macht, hier zu arbeiten. Das war das eine.*

Das andere war eine Reise ins Silicon Valley, die uns noch mal zusätzlich die Augen geöffnet hat. Die Unternehmen dort tun sehr viel für ihre Mitarbeiter, nicht nur bei Google und Facebook, auch bei kleineren Unternehmen. Die Mitarbeiter stehen dort sehr im Vordergrund. Für uns war schnell klar, dass die Unternehmen dort uns das genauso vormachen, wie wir das selbst gern in unserem Unternehmen hätten und wie wir es uns eigentlich auch schon immer vorgestellt haben.

Das wurde besonders dann wichtig, als wir uns von unserem kleinen Büro in Unna hier auf 400 m² vergrößert haben. Mittlerweile sind wir ja sogar über mehrere Etagen und Häuser verteilt. Uns war immer wichtig, es zu schaffen, dieses familiäre Feeling irgendwie beizubehalten.

Daniel Marx: *Wir waren ja auch mal Angestellte und sind über gewisse Dinge gestolpert, die wir gut fanden oder die uns störten. Jetzt als Unternehmer versuchen wir deshalb immer, uns in die andere Seite hineinzuversetzen und uns zu fragen, was die Belegschaft gerade von den Dingen hier im Unternehmen hält oder wie sie Neuerungen aufnimmt. Uns ist es wichtig, den Arbeitstag für unsere Leute, die sehr hart und konzentriert am Erfolg unseres Unternehmens mitarbeiten, so angenehm wie möglich zu gestalten.*

Daniel Krahn: *Was wir parallel dazu schon in Vorstellungsgesprächen zur Sprache bringen, ist, dass wir sehr offen sind, was die Entwicklung eines Mitarbeiters in unserem Unternehmen angeht. Zum Beispiel haben wir einen ausgebildeten Buchhalter in unserem Team, der aber lieber redaktionell arbeiten wollte. Er ist jetzt Redakteur und schreibt für Prinz-Sportlich Deals, obwohl er eine buchhalterische Ausbildung hat. Er kann also jetzt das machen, was er schon immer machen wollte. Auch wenn er die Ausbildung nicht hat, macht er bei uns einen super Job und ist vor allem top motiviert und loyal dem Unternehmen gegenüber. Das sind solche Erfolgsgeschichten, die wir mit unserem Unternehmen schreiben wollen.*

Welche Werte sind Euch besonders wichtig?

Daniel Marx: *Zum einen ist uns sehr wichtig, dass uns unsere Mitarbeiter offen die Meinung sagen. Das heißt, wenn jemand Probleme hat*

oder ihm etwas nicht passt, soll er zu uns kommen und mit uns darüber reden. Wir versuchen immer sehr offen und direkt zu kommunizieren. Zum anderen wollen wir, wie gerade schon angesprochen, dass unsere Mitarbeiter hier ihre Berufung finden und ihre Geschichte mit uns schreiben wollen. Egal welche Position die Leute hier bekleiden, sie sollen sich als Teil des Ganzen fühlen und Spaß daran haben, tagtäglich gemeinsam Ziele zu erreichen. Und das natürlich in dem bestmöglichen Umfeld.

Tipps von Daniel Krahn und Daniel Marx

„DANIEL KRAHN: WENN MAN ALS GRÜNDER EIN PRODUKT HAT, VON DEM MAN HUNDERTPROZENTIG ÜBERZEUGT IST, SOLLTE MAN MEHR DIE CHANCEN SEHEN, ALS DIE RISIKEN. MAN KANN SICH IMMER WIEDER DIE PROS UND CONTRAS VOR AUGEN FÜHREN. ABER IRGENDWANN SOLLTE MAN KLAR SAGEN: OKAY, ICH RISKIERE DAS JETZT. ICH STARTE DAMIT.

DANIEL MARX: WENN MAN DANN GESTARTET IST, SOLLTE MAN SICH FOKUSSIEREN UND SICH UND SEIN PRODUKT IMMER WIEDER KRITISCH HINTERFRAGEN. LIEBER EIN NOCH NICHT PERFEKTES PRODUKT WEITERENTWICKELN UND VERBESSERN, ALS STÄNDIG ETWAS NEUES ANZUFANGEN."

Die Bewerbungs-schreiber: Zwei Seriengründer aus Bochum-Ehrenfeld

TEXT
Carmen Radeck

FOTOS
www.unplash.com, Die Bewerbungsschreiber

Mitten im Bochumer Szeneviertel Ehrenfeld in den ehemaligen Büroräumen der Knappschaft hat die webschmiede GmbH ihren Sitz. Die typisch behördenmäßig kleinteilige Büroaufteilung über inzwischen zwei Etagen und fast 400 m^2 hat das Bochumer Startup weitgehend beibehalten. Die Arbeit des rund 40-köpfigen Teams erfordert nämlich größtenteils Ruhe und volle Konzentration.

Dreh- und Angelpunkt der webschmiede ist ihr Online-Service Die Bewerbungsschreiber. Gut die Hälfte der Mitarbeiter sind Tag für Tag damit beschäftigt, für Kunden individuell zugeschnittene, professionelle Bewerbungsunterlagen zu erstellen, inklusive Anschreiben, Lebenslauf, Motivationsanschreiben und allem, was heutzutage dazugehört.

Auch die beiden Gründer und Geschäftsführer Stefan Gerth und Holger Manzke haben jeweils ihr eigenes kleines Büro – Stefan in der oberen Etage, Holger in der unteren. Woran die beiden hinter ihren Bürotüren gerade arbeiten, welchen Plan sie gerade aushecken oder an welcher Idee sie gerade feilen, kann von Tag zu Tag variieren: ob an neuen Marketing Hacks für ihren Bewerbungsservice, an einer neuen Weinlinie ihres Labels und der gleichnamigen Eventreihe Weine vor Freude, oder an Eventkonzepten für die Szene wie den BizSlam oder koks.digital. Irgendeine Idee spukt ihnen immer im Kopf herum, die danach schreit, umgesetzt zu werden. Die Devise der beiden Gründer: Einfach mal machen. So fing es auch mit den Bewerbungsschreibern an.

„Ich war als Angestellter untauglich"

Noch während des Studiums hatten Stefan und sein Studienkollege Tim Nowotny die Idee zu dem Online-Bewerbungsservice. Tim weil er sich gut mit Bewerbungen auskannte, und Stefan weil ihn Online-Marketing interessierte. „Für mich ging es vor allem darum, in der Praxis auszuprobieren, was ich an Online-Marketing-Kenntnissen gewonnen hatte", sagt Stefan. „Wir haben uns dann zusammengetan und einfach mal gemacht." Es dauerte nicht lang, da kamen erste Anfragen und Kunden, sodass die beiden Gründer schnell zwei weitere Kumpels als freie Mitarbeiter mit ins Boot holten, welche die angefragten Bewerbungen verfassten. Während die ersten beiden Mitarbeiter noch heute zum Team der Bewerbungsschreiber gehören, sah Tim nach dem Studium seine Zukunft eher im Konzern.

Auch Stefan trat nach Studienabschluss zunächst eine Festanstellung an. „Ich war als Angestellter aber eher untauglich, deshalb habe ich mich im Mai 2011 dazu entschlossen, mich mit dem Bewerbungsservice selbstständig zu machen." Als Tim wegen anderer Karrierepläne ausstieg, machte sich Stefan auf die Suche nach einem neuen Geschäftspartner und traf auf einer Party seinen ehemaligen Kommilitonen Holger wieder. Im Mai 2012 gründeten die beiden die webschmiede UG.

Von der Garage in Omas Wohnzimmer zum 400 m²-Büro

Wie es sich für eine Webschmiede gehört, starten Stefan und Holger ihre gemeinsame Unternehmerlaufbahn in

Holgers und Stefans Tipp für Gründer

„EINFACH MAL MACHEN! ES KANN SEHR VIEL ZEIT IN ANSPRUCH NEHMEN, AN EINER IDEE IMMER WEITER ZU ARBEITEN. WENN MAN DANN IN DIE UMSETZUNG KOMMT, STELLT MAN HÄUFIG FEST, DASS NICHT ALLES SO FUNKTIONIERT, WIE MAN SICH DAS VORGESTELLT HAT. DAHER IST ES SINNVOLL EIN EINFACHES MODELL ZU ENTWICKELN UND DIESES ZU TESTEN. SIND DIE ERGEBNISSE GUT, KANN MAN DAS KONZEPT WEITERENTWICKELN. SOLLTEN DIE ERGEBNISSE NICHT WIE GEWÜNSCHT AUSFALLEN, MUSS NACHGEBESSERT, EIN NEUER ANSATZ VERFOLGT ODER IM SCHLIMMSTEN FALL DIE IDEE VERWORFEN WERDEN. DAS IST DANN ZWAR BITTER, ALLERDINGS WESENTLICH BESSER, DIES SCHNELL IN DER PRAXIS FESTZUSTELLEN, ALS NACH MONATELANGER KONZIPIERUNG EINES AUSGEFEILTEN KONZEPTES.“

einer Garage. „Als es dort im Winter zu kalt wurde, haben wir im Wohnzimmer von Stefans Oma gearbeitet, bevor wir schließlich richtige Büroräume bezogen", erzählt Holger. „Für uns war es zwar cool bei der Omma im Wohnzimmer, aber einen Praktikanten wollten wir da nicht hinsetzen." Mit dem neuen Büro hatten die Bewerbungsschreiber neben immer mehr freien Schreibern auch regelmäßig einen Praktikanten. „Wir sind erst mit freien Mitarbeitern gewachsen, haben aber schnell gemerkt, dass es bei bestimmten Aufgaben, wie der Kundenkommunikation zum Beispiel, besser ist, wenn sie von festen Angestellten abgewickelt werden", sagt Holger.

Nach dem ersten festangestellten Mitarbeiter Ende 2012 kamen schnell zwei weitere hinzu. Als es im Büro zu eng wurde, bezogen sie zunächst eine Etage an ihrem jetzigen Standort und mieteten später eine zweite hinzu. Mittlerweile arbeiten 15 Festangestellte bei der webschmiede. „Für uns funktioniert es am besten, gleichzeitig mit freien und festangestellten Mitarbeitern zu wachsen", sagt Holger. „Mit den Freien sind wir flexibler, während die Festangestellten natürlich viel tiefer mit dem Thema und dem Unternehmen verbunden sind, und sie uns dementsprechend intensiver unterstützen können. Darüber hinaus ist es viel einfacher, intern zu kommunizieren." Rund 40 Mitarbeiter – feste und freie – arbeiten inzwischen für Die Bewerbungsschreiber.

Um ihrem Unternehmen einen weiteren Wachstumsschub zu geben, starteten Holger und Stefan Mitte 2014 eine Crowdinvesting-Kampagne mit dem Ziel, 75.000 Euro einzusammeln – mit Erfolg. Das neue Kapital nutzten sie für die Einstellung eines weiteren

Mitarbeiters, für ihren Website-Relaunch und für intensives Marketing. Mit mehr als 20.000 erstellten Bewerbungen und über 90 Prozent zufriedenen Kunden sind Die Bewerbungsschreiber inzwischen deutschlandweit Testsieger im Bereich Bewerbungsservice. Ihre Zukunft sehen die beiden Gründer vor allem darin, sich mit ihren Portalen als Bewerbungs-Experten weiter zu etablieren und dort auch Trends vorzugeben und mitzugestalten. „Wir sind davon überzeugt, dass durch die Digitalisierung die klassische Bewerbung an Relevanz verliert“, sagt Holger. „Daher könnte in Zukunft auch der B2B-Markt für uns interessant sein.“

Employour: Was passiert, wenn man sein Startup an einen Konzern verkauft

TEXT
Carmen Radeck

FOTOS
Masterplan.com, Carmen Radeck

Die Geschichte von Stefan Peukert und Daniel Schütt ist alles andere als alltäglich für das Ruhrgebiet. Als eines der wenigen Startups ist ihnen mit Employour ein spektakulärer Exit gelungen. Im Oktober 2015 verkauften sie ihr Bochumer Startup, das vor allem mit den Karriereportalen Ausbildung.de und MeinPraktikum.de erfolgreich war, für einen mittleren zweistelligen Millionenbetrag an die Bertelsmann-Tochter Gruner + Jahr. Sechs Jahre nach Gründung haben sie ihr Unternehmen, das inzwischen TerritoryEmbrace heißt, verlassen. Jetzt wollen es Stefan und Daniel noch einmal wissen und starten mit „Masterplan.com" ihr nächstes gemeinsames Startup-Projekt. Doch vorher blicken sie mit uns noch einmal zurück auf das intensive und turbulente Jahr, als ihr Startup zum Konzern wurde.

Ihr hattet schon früh Angebote von Unternehmen auf dem Tisch. Warum habt Ihr Euch erst fünf Jahr nach Eurer Gründung für den Exit entschieden?

Stefan: *Angebote hatten wir tatsächlich die ganze Zeit lang. Die ersten kamen ungefähr zwei, drei Jahre nach Gründung von Employour. Damals war es aber noch viel zu früh für einen externen Partner. Die Organisation war da noch gar nicht soweit. Wir mussten erstmal unsere Strukturen festigen und für uns entscheiden, in welche Bereiche wir noch hineingehen wollen.*

Irgendwann kommt dann aber der Zeitpunkt, an dem Größe und Reichweite den klaren Vorteil bringen, das Wachstum zu beschleunigen. Also haben wir uns hingesetzt und überlegt, welche Optionen wir haben, das Unternehmen größer zu machen. Ob wir das allein leisten können oder ob wir einen strategischen Partner brauchen, der zum Beispiel eine bestimmte Reichweite mitbringt, um die Unternehmensentwicklung zu beschleunigen. Dafür war 2015 der richtige Zeitpunkt gekommen.

Wenn solch ein Entschluss fällt, wie geht man dann vor, was ist der erste Schritt?

Stefan: *Für uns war wichtig, dass wir die Sache wirklich strategisch angehen und uns dazu starke Partner mit an Bord holen. Es war ja das erste Mal, dass wir so etwas machen. Wir haben uns deshalb als ersten Schritt eine M&A Boutique dazugeholt, also eine Beratung für Fusionen und Unternehmensverkäufe. Die hat den gesamten Prozess unterstützt und sehr eng begleitet. Angefangen damit, dass das ganze Zahlenwerk unseres*

Unternehmens aufbereitet und das Pitch-Deck erstellt wurde, bis hin zu den Verhandlungen, die für uns geführt wurden. Bei der Auswahl war uns wichtig, dass die Berater Komponenten mitbringen, die wir selbst nicht haben. Wir brauchten jemanden, der auch mal sagt, dass Termine eingehalten werden müssen und der schon mal einiges von uns fernhält, damit wir uns auf das Tagesgeschäft konzentrieren können.

Wie läuft der Prozess dann im Einzelnen ab bis zum tatsächlichen Verkauf?

Daniel: *Es geht los damit, dass wir zusammen mit den M&A-Beratern zunächst mal eine Liste mit potenziellen Partnern erstellen. Das waren in unserem Fall ungefähr 30 verschiedene Unternehmen. An die wird ein komplettes Pitch-Deck verschickt, in dem wir unser Unternehmen vorstellen, aber auch deutlich machen, welche Erwartungen wir an den Partner haben. Daraufhin melden sich circa 15 Interessenten zurück, die sich uns genauer anschauen möchten.*

Man kann sagen, dass sich in jeder Auswahlstufe die Anzahl der Interessenten halbiert. Mit den 15 Unternehmen gibt es dann persönliche Kennenlerntermine mit Präsentationen und Management Meetings. Die Termine dauern teilweise vier bis fünf Stunden. Wenn danach beidseitiges Interesse besteht, geht es in die nächste Stufe. Das war bei uns Ende August, Anfang September. Dabei wird ein sogenannter Datenraum aufgemacht, in dem die verbliebenen fünf oder sechs Interessenten Zugang zu allen möglichen Daten unseres Unternehmens haben, zu jeder einzelnen Rechnung, zu jeder einzelnen Kennzahl.

Dort können die Unternehmen auch Fragen stellen. Das lief an vielen Tagen so ab, dass wir morgens aufgestanden sind, uns um neun den Datenraum angeschaut haben, in dem wieder 120 neue Fragen der verschiedenen Unternehmen drinstanden. Diese Fragen haben wir dann bis abends zehn Uhr abgearbeitet und sind wieder schlafen gegangen. Das war teilweise schon wirklich anstrengend. Deswegen ist es auch wichtig, dass man mit den M&A Beratern Partner hat, die so etwas ein bisschen moderieren. Ende September waren es dann noch drei Interessenten und Mitte Oktober stand die Entscheidung fest, dass wir mit Bertelsmann zusammengehen.

Welche Kriterien waren ausschlaggebend für Bertelsmann?

Stefan: *Für uns war auf der einen Seite ausschlaggebend, dass das Team und der Standort erhalten bleiben und dass es keinen Stellenabbau gibt. Auf der anderen Seite musste der Partner echte strategische Vorteile für uns mitbringen,*

und das war bei Bertelsmann ganz klar gegeben. Sie hatten beispielsweise viel Erfahrung im Arbeitgebermarken-Bereich und darüber hinaus mit ihrem Produkt Blicksta sehr viel Know-how im Matching- und Technologiebereich. Das waren Dinge, die wir sehr gut bei uns integrieren konnten.

Wie lief dann der eigentliche Tag des Verkaufs ab, wie hat sich das für Euch angefühlt?

Stefan: *Das war schon eine besondere Situation. Es ist ja nichts, was von heute auf morgen passiert, sondern etwas, was sich langsam abzeichnet und auf diesen einen bestimmten Tag zuspitzt. Die Vorbereitung darauf beginnt eigentlich schon ein paar Wochen vorher mit der Prüfung und Detailanpassungen des Vertrags, der so um die 450 Seiten hat. An dem Tag selbst, bei uns war es der 25. Oktober 2015, lesen die Anwälte beider Parteien den Vertrag laut vor, weil er notariell beglaubigt werden muss. Die Anwälte sind mit unserer Vollmacht ausgestattet, und wir selber sind eigentlich nur für die letzte Unterschrift und die Fotos dort und natürlich, um den Arbeitsvertrag für Bertelsmann zu unterschreiben.*

Danach war es ein sehr merkwürdiges Gefühl. Man könnte ja erwarten, dass dann die Korken knallen und man im Partymodus ist. Bei uns war das aber gar nicht so. Wir sind danach nur noch was essen gegangen, haben ein Bier aufgemacht und sind dann schon um

Stefans und Daniels Tipp für Gründer

„SCHNELLE ENTSCHEIDUNGEN TREFFEN! LIEBER EINE FALSCHE ENTSCHEIDUNG SCHNELL TREFFEN UND SIE SCHNELL KORRIGIEREN, ALS WOCHEN AN EINEM KONZEPT ARBEITEN. SCHNELLIGKEIT IST DER EINE GROSSE VORTEIL, DEN STARTUPS VOR ANDEREN UNTERNEHMEN HABEN. DIE SCHNELLIGKEIT NICHT ZU VERLIEREN UND SIE OPTIMAL ZU NUTZEN IST DAS ENTSCHEIDENDE FÜR STARTUPS."

18 Uhr nachhause gefahren. Es hat sich eher leer als nach Party angefühlt. Vielleicht auch, weil uns nach diesem intensiven Prozess eine Last oder ein Druck von den Schultern gefallen ist.

Daniel: *Viel Zeit, den Prozess zu reflektieren und zu verarbeiten hatten wir dann auch nicht, weil es am nächsten Tag gleich wieder an die Arbeit ging. Da ging es los mit der Konzernintegration.*

Wie war die erste Zeit als Konzern?

Stefan: *Es war natürlich ein ganz anderes Arbeiten. Nicht von einem Tag auf den anderen, aber sukzessive. Entscheidungen beispielsweise, die wir vorher zu zweit und schnell getroffen haben, wurden jetzt im mehrköpfigen Gremium entschieden. Das Arbeiten wurde generell strukturierter, und es wurden mit der Integration von Prozessen die Grundlagen für ein wirklich großes Wachstum geschaffen.*

2016 habt Ihr Euch entschlossen, komplett auszusteigen. Was waren eure Gründe?

Stefan: *Es war ja so, dass wir fünf, sechs Jahre wirklich Vollgas gegeben haben – mit Employour, mit MeinPraktikum.de, mit Ausbildung.de und den anderen Portalen. Das war eine sehr intensive Zeit, die noch intensiver wurde mit dem Zusammenschluss* *mit Bertelsmann. Ab einem gewissen Zeitpunkt, einer gewissen Größe und Struktur müssen dann einfach andere Skills mit eingebracht werden, als die, die wir mitbringen. Dann wird es Zeit, die Leitung an andere abzugeben. Für die Übergangsphase war uns wichtig, dass wir sie komplett begleiten. Ich glaube, da haben wir zusammen mit Bertelsmann eine fantastische Übergabe und Einarbeitung hinbekommen, sodass wir auch das Gefühl hatten, loslassen und die Leitung in andere Hände geben zu können. Auch heute ist die Firma ja immer noch sehr gut aufgestellt.*

Daniel: *Es war für uns auch einfach Zeit, zu reflektieren, was die letzten Jahre passiert ist und auch mal wieder durchzuatmen und Luft zu holen.*

Wie war Euer letzter Tag und was habt Ihr nach Eurem Ausscheiden gemacht?

Stefan: *Wir haben eine fantastisch-gute Abschiedsparty gemacht! Die war wirklich groß und legendär hier im Bermudadreieck. Das war natürlich auch ein sehr emotionaler Moment für uns. Danach brauchte ich erstmal ein bisschen Zeit, um zu reflektieren, was gut gelaufen ist und was nicht so gut und was man besser machen kann. Ich habe neun Monate in San Francisco gelebt, auch um das Silicon Valley besser kennenzulernen und zu verstehen, wie dort Unternehmen aufgebaut werden und wie sie es schaffen, auf eine bestimmte Größe zu kommen, wie die Gründerkultur dort aufgestellt ist und wie die Technologie.*

Daniel: *Ich bin einfach erstmal zuhause geblieben, habe viel gelesen und natürlich viel Zeit mit meiner Familie verbracht.*

Stefan, du bist dann wieder zurück nach Bochum gekommen. Wann stand fest, dass Ihr wieder was zusammenmacht?

Stefan: *Als wir ausgestiegen sind, stand das noch gar nicht fest. Eigentlich wollte ich in den USA bleiben und dort was Neues machen. Daniel und ich haben uns aber immer super verstanden und konnten uns immer blind vertrauen. Deswegen haben wir gesagt, dass wir uns Anfang Dezember mal zu einem kleinen Ideenworkshop treffen. Daraus ist die Idee zu Masterplan.com entstanden, unserem neuen Projekt. Da waren wir sofort wieder Feuer und Flamme.*

Daniel: *Und jetzt geht's wieder los!*

100% responders
5$ each
84% conversation rate
costs : $42,000
= 7,843 / buyer
89%
REV
COST
Response

Finanzierung/ Crowdfunding

Know-how, Storys und Interviews zu Lean Startup, Venture Capital, Crowdfunding und mehr…

Startup-Finanzierung: Von Bootstrapping bis Venture Capital

TEXT
Michael Kriegel und Carmen Radeck

FOTO
www.unsplash.com

Die erste Geschäftsidee mag die Grundlage für die Gründung des eigenen Startups sein. Die eigentliche Herausforderung allerdings ist die tatsächliche Umsetzung dieser Idee. Und diese steht und fällt oft mit der Finanzierung. Einen Kredit von der Bank zu bekommen, ist für Gründer meistens nicht leicht, und nicht immer sind ausreichend Rücklagen vorhanden, um aus einer Idee auch wirklich ein Business zu machen.

Allerdings gibt es heutzutage viele verschiedene Möglichkeiten, sein Startup zu finanzieren. Welche davon tatsächlich infrage kommen, hängt vor allem von der Idee und dem Geschäftskonzept ab. Aber auch davon, ob das Startup die individuellen Anforderungen der Kapitalgeber erfüllen kann.

Für einen ersten Überblick stellen wir hier sieben verschiedene Finanzierungsarten vor.

1. BOOTSTRAPPING

Das Bootstrapping – also die Selbstfinanzierung – ist wohl der einfachste Weg, die vollständige Kontrolle über das eigene Startup zu behalten und gleichzeitig finanzielle Mittel aufzubringen. Bei dieser Finanzierungsform wird vollständig auf externe Finanzmittel verzichtet. Man stützt sich nur auf bereits erzielte Gewinne oder Rücklagen. Für den Gründer ist es deshalb wichtig, möglichst schnell positiven Cashflow zu generieren und die Betriebskosten gering zu halten.

Wenn das Startup am Anfang allerdings eine hohe Summe für Investitionen benötigt, empfiehlt sich diese Methode nicht. Wenn die Gründer aber den meist hohen Aufwand an Arbeit und Kosteneinsparung nicht scheuen, kann Bootstrapping für das Startup die günstigste Finanzierungsart sein.

2. KREDIT VON DER BANK/ FÖRDERPROGRAMME

Für viele Gründer ist der Weg zur Hausbank die erste Anlaufstelle, wenn es um die Finanzierung ihres Unternehmens geht. Aber machen wir uns nichts vor: Gerade in der Frühphase einen Bankkredit gewährt zu bekommen, wird heutzutage immer schwieriger. Besonders wenn es um Startups mit innovativen Geschäftsideen und Produkten geht, agieren Banken vorsichtig. Ohne Rücklagen oder Sicherheiten ist die Erstfinanzierung mit Hilfe der Bank problematisch.

Dennoch kann sich ein persönliches Gespräch mit einem Bankberater lohnen. Für Gründer gibt es nämlich von Bund, Ländern und EU unterstützte Förderprogramme, die gerade in der Startphase günstigere Konditionen bieten als ein normales Bankdarlehen. Hierzu zählen beispielsweise die Gründerkredite der KfW-Bank.

Auch die NRW-Bank bietet über die Hausbanken für Gründer zugeschnittene Förderprogramme und Beratungsgespräche an. Das Hausbank-Prinzip greift für alle Programme, die erste Anlaufstelle ist dabei immer die eigene Bank.

3. CROWDFUNDING

Die Finanzierung von Startups mit Hilfe der Masse, der Crowd, hat besonders in den letzten Jahren an Popularität gewonnen. Nicht nur im amerikanischen Raum, auch in Deutschland gibt es inzwischen eine Vielzahl an Portalen, wie zum Beispiel Startnext oder Indiegogo, auf denen Gründer und Startups ihre Projekte und Ideen vorstellen und mit Hilfe von vielen kleineren Investoren finanzieren können.

Ein Vorteil beim Crowdfunding als Finanzierungsform liegt darin, dass man keine Anteile von seinem Unternehmen abgeben muss. Die Investoren werden meist durch Gimmicks und Goodies belohnt. Dieses sogenannte „reward based crowdfunding“

unterscheidet sich vom Crowdinvesting, bei dem Unternehmensanteile im Vordergrund stehen. Die Vergangenheit hat jedoch gezeigt, dass beim Crowdfunding vor allem kreative Projekte ohne wirklich große Gewinnabsicht von den Nutzern bevorzugt werden. Für innovative Startup-Projekte mit langfristigen Zielen könnte das Crowdinvesting die bessere Lösung sein.

4. CROWDINVESTING

Neben dem Crowdfunding bietet das Crowdinvesting ähnliche Vorteile bei der Finanzierung durch die Masse. Es richtet sich vor allem an langfristige Unternehmungen und Projekte. Im Gegensatz zum Crowdfunding werden hier nämlich meist direkt Anteile – ob nun in Form einer stillen Teilhaberschaft oder ganz offiziellen Unternehmensanteilen – an die Investoren vergeben. Dadurch sind auch die Summen meist deutlich höher, mit welchen auf Portalen wie Seedmatch oder Bergfürst gearbeitet wird. Das Ziel für die Investoren ist klar: Sie wollen an einem frühen Punkt in ein Startup einsteigen und im besten Fall mit einer hohen Rendite nach einiger Zeit aussteigen. Von der meist professionelleren Beratung und Abwicklung im Vergleich zum Crowdfunding einmal abgesehen, können Startups auf diese Weise auch deutlich mehr Kapital in einer kurzen Zeit generieren.

5. BUSINESS ANGELS

Bei Business Angels handelt es sich meist um erfolgreiche Unternehmer, Investoren oder frühere Gründer, die nun das Potential in anderen Projekten und Unternehmen suchen. Besonders in der Frühphase eines Startups sind Business Angels oft Mittel der Wahl, wenn es um die Finanzierung geht. Das Besondere an Business Angels ist, dass sie das Startup nicht nur mit Kapital unterstützen, sondern vor allem mit ihrem Know-how als erfahrene

Unternehmer, ihrem Branchenwissen und ihren Kontakten und Netzwerken. Im Gegenzug halten sie Anteile am Startup.

6. VENTURE CAPITAL

Das Venture Capital – auch Wagnis- oder Risikokapital – ist die klassische und vor allem in den USA populäre Form der externen Kapitalgeber. Risikokapital deshalb, weil Venture Capitalists in Startups investieren – mit dem Risiko, dass die Investitionssumme verloren gehen kann, wenn das Startup scheitert. Im Gegensatz zur Finanzierung durch Business Angels fällt Venture Capital in der Regel höher aus, aber auch mit weniger bereitgestellten „Extras", wie Beratung und Netzwerk. Venture Capital gibt es vorwiegend für tech-basierte Startups mit skalierbarem Produkt, das mit dem Kapital ein deutliches Wachstum erwarten lässt. Dafür halten die VCs einen von Projekt zu Projekt unterschiedlich großen Anteil am Unternehmen.

7. ZUSCHÜSSE

Für Gründungen aus dem akademischen Umfeld besteht die Möglichkeit, ein Stipendium zu beantragen. Das EXIST-Gründerstipendium unterstützt ausgewählte innovative Ideen und Teams in der Vorgründungsphase aus Bundesmitteln mit Zuschüssen zum Lebensunterhalt. Wer aus dem Hochschulbereich gründet und ein Antragsverfahren nicht scheut, kann eine gute Grundlage für die Unternehmensgründung schaffen.

Crowdfunding, Crowdinvesting

Finanzieren mit dem Schwarm

TEXT
Michael Kriegel

FOTO
Startnext / Kristoffer Schwetje

Startnext, Kickstarter, Indiegogo – diese Plattformen zur Umsetzung und Finanzierung von Projekten sind aus dem Bereich der Startup-Finanzierung nicht mehr wegzudenken. „Crowdfunding" lautet das Zauberwort, eine Finanzierungsform, bei der die Initiatoren von Projekten versuchen, möglichst viele Interessenten zur Beteiligung an der Umsetzung zu gewinnen. Das Prinzip ist einfach: Man beschreibt seine Idee möglichst mit einem Video auf einer Crowdfunding-Plattform, legt ein Finanzierungsziel, eine Laufzeit für die Kampagne und Gadgets für die Unterstützer fest. Jeder kann dann das Projekt mit einem beliebigen Betrag auf der Plattform unterstützen. Wird das Finanzierungsziel erreicht, wird das Geld ausgezahlt, ansonsten fließt es an die Unterstützer zurück.

Man unterscheidet bei dieser „Schwarmfinanzierung" grob zwischen zwei Richtungen: das Reward-Based Crowdfunding ist die klassische Projektfinanzierung, bei der man Gegenleistungen in Form des fertigen Produkts, einer Dienstleistung oder sonstigen Dankeschön festlegt. Crowdinvesting hingegen bietet die Gelegenheit, sich mit einem Geldbetrag als Mikroinvestor an einem Unternehmen zu beteiligen und dabei eine Rendite zu erwirtschaften. Diesen Anspruch hat man beim Crowdfundig nicht. Weniger verbreitet ist das sogenannte Crowdlending, bei dem die Interessenten ein unverzinstes Darlehen zur Verfügung stellen.

Über die Plattformen kann man sich eine eigene Community aufbauen und ein wirkungsvolles Marketing-Tool für sein eigenes Projekt schaffen. Für Gründerinnen und Gründer im Ruhrgebiet ist das eine gute Chance. Die Sichtbarkeit und der Zusammenhalt in der Region können hier ein Vorteil sein, und es gibt auch schon die erste regionale Plattform für Rhein-Ruhr-Startups. Mit der IDE Chancenkapital sollen Startups aus der Region die Möglichkeit erhalten, Startkapital für die Umsetzung ihrer innovativen, kreativen und/oder nachhaltigen Ideen zu erlangen. Insbesondere wissensbasierte Gründungen aus der Universität Duisburg-Essen sollen hierbei gefördert werden.

Interview mit Markus Sauerhammer

Markus Sauerhammer leitet bei der Crowdfunding-Plattform Startnext den Bereich Kooperationen. Zuvor war er fünf Jahre bei der IHK in München in der Gründungsförderung tätig.

Markus, Du arbeitest mittlerweile seit mehreren Jahren in der Crowdfunding-Szene. Für welche Zielgruppe ist Crowdfunding ein geeignetes Instrument?

Markus: *Crowdfunding ist für alle spannend, die Ideen oder Projekte verwirklichen wollen – das heißt zum Beispiel für Unternehmer, Kreative, Sportler, Social Entrepreneurs oder Wissenschaftler. Inzwischen gibt es aber auch mehr und mehr etablierte Institutionen, die Crowdfunding-Kampagnen starten. Hinzu kommt, dass immer häufiger Stiftungen, Universitäten, Städte, Förderbanken oder andere Multiplikatoren das Instrument nutzen, um Crowdfunding mit ihren Förderinstrumenten zu verbinden und zum Beispiel Wettbewerbe für bestimmte Themen zu starten.*

Was macht Crowdfunding für ein Startup-Ökosystem und die Umsetzung von Ideen aus?

Markus: *Die Grundidee vom Crowdfunding ist, dass viele Menschen gemeinsam eine Idee, ein Projekt oder ein Unternehmen finanzieren. In dem Thema Crowdfunding schlummert das Potenzial für eine neue Gründer- und Innovationskultur. Während in der analogen Welt der Gründungsprozess noch abgeschottet von der Öffentlichkeit stattfand, schafft die wachsende digitale Vernetzung bei Crowdfunding die Chance, Ideen nicht nur schnell und kostengünstig mit vielen Menschen zu teilen, sondern auch direkt zu finanzieren. Der Gründungsprozess findet bei Crowdfunding transparent im Netz statt, wodurch wir weitere Menschen zur Umsetzung eigener Ideen inspirieren können.*

Wie funktioniert das konkret?

Markus: *Wer ein Projekt umsetzen möchte, beschreibt dafür seine Idee auf einer Crowdfunding-Plattform, legt ein Finanzierungsziel, eine Laufzeit für die Kampagne und Gegenleistungen für seine Unterstützer fest. Jeder, der möchte, dass die Idee Wirklichkeit wird, kann das Projekt auf der Plattform unterstützen. Wenn der Starter das Finanzierungsziel erreicht, wird das Geld ausgezahlt – wenn nicht, geht das Geld an die Unterstützer zurück. Crowdfunding zeichnet sich also vor allem dadurch aus, dass jeder die Möglichkeit hat, seine Idee auf einer Plattform vorzustellen, mit der Unterstützung von vielen Menschen zu finanzieren und eine Community aufzubauen.*

Neben dem klassischen Crowdfunding hat sich auch das Crowdinvesting etabliert. Kannst Du uns den Unterschied erklären?

Markus: *Genau genommen unterscheiden wir beim Crowdfunding sogar vier Modelle, die abhängig davon sind, welche Gegenleistungen die Unterstützer bekommen: Beim klassischen Crowdfunding bekommen die Unterstützer eine Gegenleistung vom Starter, in der Regel das fertige Produkt oder andere ideelle Dankeschön. Das Crowdinvesting unterscheidet sich davon, indem die Investoren der Kampagne am möglichen Gewinn beteiligt werden. Crowdinvesting ermöglicht es – bei allen Risiken – vielen Menschen, Startups oder Unternehmen in einer frühen Phase zu entdecken und in diese mit kleinen oder großen Beträgen zu investieren. Das heißt, dass damit erstmalig Investoren Zugang zu einer Anlagemöglichkeit bekommen, die früher in erster Linie sehr wohlhabenden Menschen oder institutionellen Investoren vorbehalten war. Wenn Unterstützer Geld an den Starter verleihen, und dieser das Geld dann verzinst oder unverzinst zurückzahlt, spricht man von*

Crowdlending. Schließlich gibt es noch das spendenbasierte Crowdfunding, bei dem Unterstützer höchstens eine Spendenquittung als Gegenleistung erhalten.

Wie können Akteure der Gründungsförderung Crowdfunding als Instrument nutzen?

Markus: *Wir hängen in Deutschland immer noch bei der Digitalisierung hinterher. Crowdfunding schafft es, die Effizienz einer digital vernetzten Gesellschaft und Wirtschaft auf den Gründungs- und Innovationsprozess zu übertragen. Wir sollten hier aber nicht nur bestehende Instrumente aus den USA kopieren, sondern im Einklang mit unserer gewachsenen Finanzierungs- und Förderkultur eigene Instrumente entwickeln. Gerade klassisches Crowdfunding bietet durch die Kombination von Markttest, Finanzierung und Kommunikation ein tolles Instrument für die Gründungsförderung.*

Wie interessant ist eine Finanzierung über Crowdfunding für Gründerinnen und Gründer im Ruhrgebiet?

Markus: *Sieht man sich die Entwicklung in den USA an, kratzen wir heute erst an der Oberfläche von dem, was noch an Potenzial in Crowdfunding schlummert. Man hat neben der Kombination von Finanzierung, Marketing und Markttest vor allem das Potenzial für den Aufbau einer Community, welche die Gründer bei den nächsten Schritten unterstützt. Im Ruhrgebiet gibt es viel Platz für solche Communities innerhalb einer großen gemeinsamen Klammer und damit auch genügend Potenzial für Stories, durch die Crowdfunding attraktiv wird. Crowdfunding wird teilweise immer noch als Randthema wahrgenommen, als Finanzierung für diejenigen, die es im klassischen Betrieb nicht schaffen. Aus meiner früheren Tätigkeit als Gründungsberater weiß ich, dass dies ein Trugschluss ist. Es löst die größten Herausforderungen für Gründer und für die Markteinführung neuer Innovationen.Wenn man so mag, ist es ein Schlüsselbaustein für eine nachfrageorientierte Innovationspolitik. Crowdfunding wird sich in den nächsten Jahren radikal verändern.*

RapidMiner: Mit Open Source-Mentalität zur weltweit führenden Data-Mining-Plattform

TEXT
Carmen Radeck

FOTOS
Carmen Radeck

Mit den Dortmunder Startup-Pionieren Ralf Klinkenberg und Dr. Ingo Mierswa von RapidMiner ist es ein bisschen wie mit Asterix und Obelix und ihrem kleinen gallischen Dorf, das die großen Römer herausfordert. Im Ranking der führenden Plattformen für Data Science, Predictive Analytics und Data-Mining direkt hinter IBM und SAS mit jeweils weit über 10.000 Mitarbeitern lauert RapidMiner mit den beiden Dortmunder Gründern und einem rund 100-köpfigen Team. Ihr „Zaubertrank“: Eine Mischung aus Pioniergeist, dem richtigen Riecher und Open Source-Mentalität.

Der Hauptsitz von RapidMiner liegt inzwischen zwar in Boston, USA, doch gegründet haben die beiden Spezialisten für maschinelles Lernen ihr Unternehmen vor gut zehn Jahren in Dortmund. Dort ist auch noch immer die Abteilung Forschung und Entwicklung beheimatet, mit rund 30 Mitarbeitern und Ralf Klinkenberg als Head of Data Science. Ingo Mierswa indessen wechselte nach Boston, wo vor allem Geschäftsführung, Marketing und Vertrieb stationiert sind.

Software für den Eigenbedarf entwickelt

Dass sie einmal mit ihrer eigenen Software so erfolgreich sein würden – mit Kunden wie PayPal, BMW, Cisco, Sanofi oder SalesForce – hatten die beiden Informatiker am Anfang ihrer Selbstständigkeit gar nicht gedacht. Als sie 2006 ihr Unternehmen starteten, verfolgten sie das typische Geschäftsmodell eines IT-Dienstleisters: Schulungen, Beratung, Projektaufträge.

Dabei hatten sie ihre Software schon während ihrer Zeit als Forscher am Lehrstuhl für Künstliche Intelligenz der TU Dortmund entwickelt und im Laufe der Jahre eine stetig wachsende Nutzerzahl aufgebaut. Ihre Plattform für maschinelles Lernen, die sie anfangs YALE (Yet Another Learning Environment) nannten, entstand zunächst aus Eigenbedarf. „Für unsere Forschungsprojekte brauchten wir eine Art Legobaukasten, in dem all das, was es schon gab, also die besten Verfahren oder Operatoren, schon enthalten ist“, erklärt Ralf Klinkenberg. „Damit konnte man sich dann auf das Neue und wissenschaftlich eigentlich Interessante konzentrieren.“ Mit dem selbst entwickelten Tool wollten die beiden Forscher maschinelles Lernen auf möglichst viele Probleme anwenden können.

Mit der Entwicklung der Software starteten sie im Jahr 2001 – damals noch ganz ohne grafische Nutzeroberläche – und enschlossen sich bald, daraus ein Open Source Projekt zu machen. „So umgingen wir alle Lizenzprobleme, wer was nutzen darf“, nennt Ralf Klinkenberg einen der Gründe. Der andere wichtige

Grund: Möglichst viele Forscher sollten die Software nutzen und zitieren und so für die Reputation der beiden Wissenschaftler sorgen. „Unsere erste Marketingmaßnahme waren Visitenkarten mit dem Namen unserer Software und der Download-Adresse, die wir auf Konferenzen verteilten."

Neben ihren Forschungsprojekten entwickelten sie auch die Software weiter, vereinfachten den Installationsprozess und fügten eine grafische Nutzeroberfläche hinzu. Als sie die Software auf einer großen Plattform für Open Source Software online stellten, stiegen die Nutzerzahlen rasant. Aus ein paar hundert Nutzern wurden schnell ein paar tausend. Damit wuchs auch die Anerkennung für Ingo Mierswa und Ralf Klinkenberg als Experten. Inzwischen fragte auch das ein oder andere Unternehmen nach Schulungen zum Thema Data Mining an. Als sich die Anfragen häuften, überlegten die beiden Forscher, sich damit selbstständig zu machen. Ralf Klinkenberg liebäugelte schon nach dem Abitur mit einer Unternehmerkarriere, weshalb er neben seinem Informatikstudium BWL als Nebenfach wählte. Die beiden Wissenschaftler beschlossen, sich ein Jahr Zeit zu geben und ein Geschäftskonzept zu entwickeln. Um am Businessplan dranzubleiben, nahmen sie am Gründerwettbewerb start2grow teil. Hier begannen sie auch, ihr Business-Netzwerk aufzubauen. „Ich war überrascht, dass es in Dortmund schon eine Gründerszene gab", sagt Ralf Klinkenberg. Den ersten Platz machten sie damals nicht, kamen aber unter die besten zehn.

Mit RapidMiner von der Forschung in die Selbstständigkeit

Und so starteten Ingo Mierswa und Ralf Klinkenberg 2006 von der Forschung in die Selbstständigkeit als IT-Dienstleister, zunächst als GbR, die 2007 zur RapidMiner GmbH wurde. „Beratung im Bereich maschinelles Lernen wurde zu der Zeit so gut bezahlt, dass wir damit die Weiterentwicklung unserer Software querfinanzieren konnten", sagt Ralf Klinkenberg. Die Auftragslage war dank der bereits erfolgreichen Software, die nun unter dem Namen RapidMiner lief, von Anfang an gut. „Vertriebsaktionen haben wir eigentlich gar nicht gemacht, wir haben nur Anfragen abgearbeitet, das hat zur Finanzierung schon gereicht."

Pressearbeit und Social Media betrieben sie hingegen aktiv. Zeigten Artikel in der lokalen Presse kaum Wirkung, sorgten Beiträge in der Fachpresse regelmäßig für Aufmerksamkeit. „Als RapidMiner zum ersten Mal bei heise online vorgestellt wurde, machte sogar unser Server die Grätsche." In Sachen Social Media waren sie mit gezielten Beiträgen in bestimmten Gruppen auf Xing und LinkedIn erfolgreich. Den eigentlichen

Vertrieb übernahm ihre Software sozusagen selbst. „Das ist einer der Vorteile von Open Source, dass die Software viral geht und die Nutzer sie anderen weiterempfehlen.“ Ralf Klinkenberg sieht in diesem Ansatz generell die Zukunft für erfolgreiche Software. „Voraussetzung ist allerdings, dass man ein wirklich gutes Produkt hat.“

Als die Nutzerzahlen von RapidMiner immer weiter stiegen, fragten sich die beiden Gründer, wie andere Open Source-Unternehmen Geld verdienen. „Die meisten boten zwei Versionen ihrer Software an, eine kostenlose und eine Enterprise-Version.“ Das wollten sie mit RapidMiner auch versuchen. Um ihre Kostenlos-Nutzer nicht zu verlieren, orientierten sie sich daran, welche Features ihre Mitbewerber gratis anbieten und welche kostenpflichtig. Die Strategie, die das Startup mit seinem Open Source-Ansatz verfolgte, gilt bis heute. „Unsere Zielkunden sind solche, die bereits wissen, dass Data-Mining für sie interessant ist und die – im Gegensatz zu Data-Mining-Neulingen – auch in der Lage sind, unseren Legobaukasten zu nutzen. Diese Kunden wollen wir zunächst dazu bringen, die Software downzuloaden, sie auszuprobieren und immer intensiver nutzen. Dabei unterstützen wir sie mit Online-Videos und Tutorials, bis sie irgendwann merken, dass sie an Grenzen stoßen und uns ins Boot holen.“ Das macht natürlich nicht jeder. RapidMiner hat zwar 250.000

aktive Nutzer, aber nicht so viele Kunden. „Das ist aber nicht schlimm, denn zufriedene Nutzer sind Multiplikatoren. Unser Fokus liegt deshalb darauf, die Leute, die unser Produkt nutzen, damit erfolgreich zu machen, in der Erwartung, dass sie, wenn sie an Grenzen stoßen, Enterprise-Kunden werden.“ Dieser Ansatz, die Anwender-Community zu unterstützen, erspart dem Unternehmen vor allem kostenintensive Marketing- und Vertriebsaktionen. „Deswegen haben wir im Gegensatz zu unseren großen Wettbewerbern auch nur ein kleines Vertriebsteam.“

Mit Venture Capital schneller wachsen

Nach dem anfänglichen Schwerpunkt auf Schulung, Beratung und Projektaufträge, macht das Geschäft mit der Software inzwischen rund 70 Prozent des Umsatzes aus. Doch in den vergangenen fünf Jahren wurde auch im Open Source-Bereich der Wettbewerb deutlich stärker. „Es gibt immer mehr Startups, teilweise mit Millionen Investitionen im Rücken“, sagt Ralf Klinkenberg. Obwohl ihr Unternehmen profitabel war, entschlossen sich die beiden Gründer, Venture Capital mit aufzunehmen. „Wir waren zwar gut positioniert, weil wir früh dabei waren. Wir hatten aber das Gefühl, dass der Markt sich so schnell entwickelt, dass auch wir schneller wachsen müssen, um die Produktentwicklung schneller voranzutreiben, damit wir vorne mit dabei bleiben.“
Inzwischen hat RapidMiner die dritte Finanzierungsrunde gesichert. Gestartet sind sie Ende 2013 mit fünf Millionen Euro von Earlybird aus Berlin und Open Ocean Capital aus Finnland, dem Venture Capital Fund des MySQL-Gründers. Das Invest wurde für die stärkere Etablierung auf dem US-amerikanischen Markt verwendet. In dem Zuge verlegte RapidMiner auch seinen Hauptsitz nach Boston. Insgesamt hat das Unternehmen rund 36 Millionen Dollar Venture Capital eingesammelt. In der zweiten und dritten Finanzierungsrunde kamen neben den beiden ersten Investoren noch drei weitere hinzu. Standorte hat RapidMiner neben Boston und Dortmund auch in London und Budapest.

Was passiert, wenn Investoren mit an Bord eines Startups kommen? Wie verändert sich das Unternehmen? Im Interview erzählt Ralf Klinkenberg, welche Erfahrungen er und sein Mitgründer bei der Investorensuche gemacht haben und was die Millionenfinanzierung für das Unternehmen bedeutete.

Interview mit RapidMiner: Wie Venture Capital ein Startup verändert

Wie sind Sie an die Investorensuche herangegangen? Haben Sie sich Beratung geholt?

Ralf Klinkenberg: *Wir haben sehr viel recherchiert, aber keine externe Beratung engagiert. Was wir schon gemacht haben, als es ernst wurde, war, dass wir gute Anwälte dazu holten. Und die sind richtig teuer. Aber man muss natürlich bedenken: Wenn es um ein Millionen-Investment geht und die Gegenseite die besten Anwälte hat, dann möchte man nicht irgendeinen Wald- und Wiesenanwalt, der so etwas noch nie gemacht hat. Da braucht man schon jemanden, der genau weiß, bei welchen Klauseln man aufpassen muss, was marktüblich ist und wo man verhandeln kann.*

Es gibt bestimmte Klauseln, die muss man einfach akzeptieren, da gibt es nichts zu verhandeln. Es heißt zwar

Risikokapital, aber was Investoren wollen, ist, sich gegen alle möglichen Risiken abzusichern. Wenn es nicht so laufen sollte, wie alle erwarten, sind die Investoren die ersten, die ausbezahlt werden, und ganz am Ende stehen die Gründer. Das muss auch klar sein. Dann gibt es andere Klauseln, darüber sollte man als Gründer nachdenken. Zum Beispiel die Drag-along-Klausel, also wenn die Investoren irgendwann sagen: „Das Unternehmen hat sich toll entwickelt, wir wollen jetzt verkaufen“ und man als Gründer verpflichtet ist, seine Anteile mitzuverkaufen. Über so etwas kann man verhandeln. Je nachdem, wie spannend das Startup ist, und wie sehr die Investoren sich daran beteiligen wollen, desto eher sind sie bereit, ein paar Pillen zu schlucken.

Bei Google zum Beispiel haben die Gründer die Stimmenmehrheit ausgehandelt, obwohl sie gar nicht die Mehrheit der Anteile haben. Das sind Dinge, die können sich die wenigsten erlauben. Da muss man schon ein sehr spannendes Produkt haben und Investoren, die das auch verstehen und bereit sind, trotzdem einzusteigen. Wir haben auch ein paar Sachen ausgehandelt, die gut für uns waren, haben aber auch Dinge geschluckt, wie die meisten anderen auch.

Was hat sich für RapidMiner verändert, als Venture Capital dazukam?

Ralf Klinkenberg: *Es hat sich viel verändert. Vorher saßen wir beiden Gründer zusammen und trafen eine Entscheidung, die dann sofort umgesetzt wurde. Heute gibt es ein Board-Meeting mit den Investoren, in dem die Entscheidung gemeinsam diskutiert und darüber abgestimmt wird. Dabei entscheiden die Mehrheitsverhältnisse. Wenn man als Gründer die Mehrheit hat, kann man notfalls eine Entscheidung noch durchdrücken, aber man möchte die Investoren ja auch nicht verstimmen. Sie könnten schließlich auch aussteigen.*

Man kann als Gründer also nicht mehr so freihändig agieren, hat aber auch die Expertise der Investoren. Deswegen sollte man sie sich gut aussuchen.

Worauf sollten Startup-Gründer achten, wenn sie sich auf Investorensuche begeben?

Ralf Klinkenberg: *Auch wenn man sehr intensiv nach Investoren auf der Suche ist, sollte man nicht nur mit einem reden, sondern mit möglichst vielen. In den Gesprächen sollte man genau darauf achten, ob auch die Chemie mit den Leuten stimmt. Man muss schließlich mit ihnen* *zusammenarbeiten, sie dürfen mitreden und mitentscheiden oder schlimmstenfalls einem sogar Vorschriften machen, je nachdem wie die Mehrheitsverhältnisse sind. Dann sollte man sich fragen, ob es auch von den Erfahrungen und von dem Netzwerk her passt. Dass die Investoren Geld mitbringen, ist das eine, das andere ist aber die Expertise, die sie beisteuern. Deswegen sollte man genau darauf achten, ob sie auch andere Unternehmen in dem Bereich unterstützen.*

Für uns beispielsweise passte Open Ocean so gut, weil sie sich mit Software und vor allem mit Open Source Business-Modellen auskennen. Das ist auch von der Mentalität her sehr wichtig. Die Suche nach Investoren ist sehr stark mit Gesprächen verbunden. Auch darüber, was die Vision angeht und natürlich wieviel Geld es für welche Anteile gibt.

Ralf Klinkenbergs Tipp für Startups, die Venture Capital aufnehmen wollen

“ ZUNÄCHST EINMAL KANN ICH NUR JEDEM RATEN, VORHER MIT VIELEN LEUTEN ZU REDEN, VOR ALLEM MIT GRÖSSEREN UND ERFOLGREICHEN STARTUPS, DIE INVESTOREN MIT AN BORD HABEN. MAN SOLLTE VERSUCHEN, EIN GEFÜHL DAFÜR ZU ENTWICKELN, WIE INVESTOREN TICKEN, WAS SIE DENKEN, WONACH SIE SUCHEN. MAN SOLLTE WISSEN, WELCHE KENNZAHLEN STIMMEN MÜSSEN. DIE SCHAUEN SICH NATÜRLICH ALLES AN, DA WIRD ALLES EINMAL UMGEKREMPELT. DESHALB SOLLTE MAN DIE BUCHFÜHRUNG UND ALLE VERTRÄGE SAUBER HABEN. DAS SIND ALLES DINGE, DIE VIEL ZEIT KOSTEN, DIE SICH AM ENDE ABER LOHNEN, WENN MAN SCHNELL WACHSEN WILL. ”

mifitto: Mit innovativer Technologie den E-Commerce revolutionieren

TEXT
Carmen Radeck

FOTOS
Carmen Radeck

Schauplatz: Industriegebiet Duisburg-Wanheimerort. Dass hinter den dicken Mauern aus Backstein und Beton mit mifitto eines der innovativsten und erfolgreichsten Ruhrgebiets-Startups seinen Sitz hat, lässt die äußere Fassade einer ehemaligen Kabelfabrik kaum vermuten.

Gestartet sind die drei Gründer mit einer App, die dabei helfen sollte, die hohe Rücksendequote bei Online-Schuhbestellungen zu reduzieren. Ihre siebenstelligen Umsätze machen Thomas Harmes, Dominic Köhler und Dominik Lessel inzwischen nicht nur mit ihrer Größenberater-Software, sondern auch mit innovativer Hardware: Ihr selbst entwickelter 3D-Fußscanner kommt in Deutschlands führenden Sportgeschäften zum Einsatz.

Hard work statt fancy Startup-Life

mifitto gehört nicht zu den Startups, die großen Wert auf stylisches Interieur legen. Passend zum Umfeld im Duisburger Industrieviertel sieht es hier mehr nach Hustle und Hard work aus, als nach fancy Startup-Life. In dem Gebäude der ehemaligen Kabelfabrik hatte sich das Startup zunächst nur provisorisch eingerichtet. Dann sind Thomas Harmes und sein Team einfach dort geblieben und haben sich von anfangs wenigen Büroräumen inzwischen über die halbe Etage und über eine große Werkshalle ausgebreitet. Rund 20 Mitarbeiter beschäftigt das Startup fünf Jahre nach Gründung.

„Wir wollten nicht die Paketboten unserer Familien sein"

Die Idee zu mifitto entstand, als Thomas Harmes und Schwager Dominic Köhler beim gemeinsamen Grillen auf der heimischen Terrasse beschlossen, endlich etwas gegen die ständigen Rücksendungen der Online-Schuhbestellungen in ihren Familien zu unternehmen. Besonders Kinderschuhe wanderten oftmals wieder zurück in die Kartons. „Da mussten wir schleunigst was tun, sonst wären wir für unsere Familien nur noch die Paketboten gewesen“, erinnert sich Thomas schmunzelnd.

Dass der Schuhhandel besonders im E-Commerce mit hohen Rücksendequoten zu kämpfen hat, war Thomas nicht nur aus seiner privaten Erfahrung bewusst. „In meiner Familie blicken wir auf eine 80-jährige Schuhtradition zurück“, sagt der gebürtige Krefelder, „vom Schuhmacher bis jetzt zu den neuen Technologien“. Thomas selbst arbeitete zunächst viele Jahre als Bezirksfilialleiter bei INTERSPORT Voswinkel, wechselte dann zu SportScheck und war dort zuletzt Geschäftsleiter in Köln. Das wäre er auch weiter geblieben. „Dann kam mir allerdings diese Idee mit der App dazwischen.“ Und die ließ ihn nicht mehr los.

Mit innovativer Technologie die Herausforderungen im E-Commerce anpacken

„Das Problem beim Online-Handel mit Schuhen ist, dass es keine einheitlichen Schuhgrößen gibt“, erklärt Thomas. Ist von einem Schuhmodell Größe 42 die richtige Wahl, passt von einem anderen vielleicht Größe 41 besser. Hinzu kommt, dass verschiedene Schuharten – ob Fußball- oder Business-Schuh

– unterschiedlich getragen werden, zum Beispiel mehr oder weniger Spielraum an der Schuhspitze benötigen.

Damit der passende Schuh in der Lieferung auch dabei ist, bestellen Kunden meist mehrere Größen gleichzeitig. Das erhöht die Rücksendequote, ist sowohl für den Händler als auch für den Kunden mit extra Aufwand verbunden und belastet darüber hinaus auch noch die Umwelt. Genau das Problem wollten Thomas und seine Mitgründer angehen, und zwar mit einer innovativen Technologie, die für jeden Fuß die passende Größe eines Schuhmodells ermitteln soll.

Daten sammeln: Welcher Schuh passt zu welchem Fuß?

Was sie dazu zunächst brauchten, war vor allem eines: jede Menge Daten. Noch zu seiner Zeit bei SportScheck fing Thomas an, die Daten der ausgemessenen Füße der Kunden mit den tatsächlich gekauften Schuhen in einer Datenbank

Thomas Harmes' Tipp für Gründer

„VENTURE CAPITAL NICHT ZU KNAPP KALKULIEREN! LIEBER EINEN GRÖSSEREN BETRAG RAISEN UND DAFÜR NOTFALLS MEHR ANTEILE ABGEBEN. MIT EINER HÖHEREN SUMME KANN MAN LANGFRISTIGER PLANEN UND ARBEITEN UND SICH RECHTZEITIG AUF DIE NÄCHSTE FINANZIERUNGSRUNDE VORBEREITEN."

zusammenzufassen. Aus den Daten sollte ein Algorithmus erstellt werden, der die Fußgröße einem passenden Schuhmodell möglichst exakt zuordnet.

„Unsere Idee war, eine App zu entwickeln, mit der man die Fußmaße des Kunden auf einfache Art und Weise bestimmen kann." Mit dieser Idee und einer ersten Datenbank sprachen sie erste Unternehmen aus der Schuhbranche an. Unter anderem den Versandriesen OTTO. Dort zeigte man sich sofort interessiert. „Mit ein paar Schuhen im Schlepptau sind wir dann nach Hamburg gefahren und haben unsere Idee dort präsentiert." Das war im März 2012, nur wenige Monate nach der offiziellen Gründung von mifitto.

Für die Entwicklung der App mussten die drei Gründer viel ausprobieren. „Das war ein längerer Entwicklungsprozess als wir uns vorgestellt hatten." Experimentiert wurde mit Schablonen und verschiedenen Druckern, was aber alles nicht richtig funktionierte. Eine Lösung fanden sie schließlich mit einer Fotomess-App fürs Smartphone.

Dazu stellt man seinen Fuß auf ein weißes Blatt DIN A4 Papier und fotografiert ihn. Die App ermittelt automatisch die Länge und Breite des Fußes. Diese Maße gibt man beim Partnershop in den mifitto-Größenberater ein, der dann die passende Größe für den gewünschten Schuh empfiehlt.

Wie misst man 40.000 Paar Schuhe mit wenig Aufwand?

Neben der Entwicklung der App musste das Gründerteam nun noch eine Möglichkeit finden, möglichst viele aktuelle Schuhmodelle der Saison in einem kurzen Zeitraum exakt zu messen, um sie mit den Fußmaßen abgleichen und matchen zu können. Für die Entwicklung dieser Technologie konnte mifitto das Fraunhofer-Institut für Integrierte Schaltungen (IIS) als Partner gewinnen. Bei einem ersten Testlauf für einen Onlineshop sollten 5.000 verschiedene Schuhmodelle vermessen werden – in jeweils acht Größen. Die Herausforderung: Wie misst man 40.000 Paar Schuhe möglichst schnell und mit wenig Aufwand?

Die Lösung für dieses Problem ist seit einigen Jahren mifittos ganzer Stolz und steht mitten in der großen Werkshalle: Der hauseigene Computer-Tomograph. „Damit können 10.000 Paar Schuhe pro 24 Stunden geröntgt werden." Anhand der Röntgenbilder kann das Innenvolumen der Schuhe exakt gemessen werden. Die Software dazu hat einer der ersten Mitarbeiter des Startups entwickelt.

Nach OTTO folgten weitere interessierte Händler. „OTTO als ersten Testkunden gewonnen zu haben, das war schon ein Kracher, ein richtiger Eisbrecher." Inzwischen setzen eine Reihe von Onlineshops wie BILD.de, SportScheck, Melvin & Hamilton, Tennis-Point oder Bunert den mifitto-Größenberater ein.

Für das Problem mit den Kinderschuhen, das überhaupt erst zu der Geschäftsidee führte, hat das Gründerteam übrigens eine spezielle Kids-App entwickelt, um Eltern bei der Suche nach der richtigen Schuhgröße für ihre Kinder zu unterstützen. Auch ein eigenes Affiliate-Programm hat mifitto aufgesetzt, das Kunden Schuhe empfiehlt, die nicht nur passen, sondern auch im Shop verfügbar sind. Hier arbeitet das Startup mit Partnern wie OTTO, Zalando, Karstadt oder Galeria Kaufhof zusammen.

In Zukunft soll die App den Kunden noch mehr bieten als sie nur bei der richtigen Größe zu beraten. Beispielsweise im Sportbereich soll die App je nach Spieler- oder Lauftyp oder je nachdem, auf welcher Position ein Teamspieler sich bewegt, den passenden Schuh empfehlen. Auch sportliche Vorbilder oder Lieblingssportler sollen in die Empfehlung mit einfließen. „Hier ist viel mehr möglich, als eine reine Größenberatung", sagt Thomas. „Da sehe ich großes Potenzial."

Auch der Offline-Handel wünscht sich innovative Technologie

Doch nicht nur der Online-Handel, auch der stationäre Einzelhandel fragte bei mifitto nach innovativer Unterstützung bei der Größenberatung an. Um für Funktionsschuhe, wie Ski- oder Wanderschuhe, nicht zig Modelle aus dem Lager schleppen zu müssen, wünschte sich SportScheck für die Eröffnung seines Flagship-Stores in München Ende 2013 ebenfalls einen Größenberater.

Fünf Monate hatten die mifitto-Gründer Zeit, die Technologie zu entwickeln.

„Das war schon eine harte Nuss“, erzählt Thomas. „Wir waren zu der Zeit noch zu dritt.“ Doch gemeinsam mit Fraunhofer-Ingenieuren schaffte es das Gründerteam pünktlich zur Eröffnung von Deutschlands größtem SportScheck-Store einen 3D-Scanner zu entwickeln, der in wenigen Sekunden Fuß und Bein messen kann. 1.300 Skischuhe wurden ebenfalls dreidimensional gemessen.
Inzwischen stehen in rund 20 SportScheck-Filialen die mifitto-Scanner, ebenso in vielen Karstadt Sport-Häusern. Der große Durchbruch mit dem Verkauf ihrer 3D-Scanner gelang dem mifitto-Team, als sie zwei Jahre später INTERSPORT als Kunden gewannen. Dazu warf das Startup mit seinen Scanner-Modellen sogar einen internationalen Mitbewerber aus dem Rennen. Als der Deal mit INTERSPORT fix war, hieß das für Thomas Harmes und Dominic Köhler: Ein 7.000-Kilometer-Roadtrip durch ganz Deutschland in einer Woche. Die Installation der 3D-Scanner übernahmen die beiden Gründer zu der Zeit noch selbst. Mehr als 80 INTERSPORT-Filialen hat das Duisburger Startup inzwischen mit Scannern ausgestattet. Auch in Kanada und in den USA stehen bereits einige Geräte.

Full-Service für den Online-Handel: 360Grad-Produktfotos

Nicht nur in Sachen Messung arbeitet das mifitto-Team an innovativen Ideen. In einem Raum neben dem Computer-Tomographen hat mifitto ein Fotostudio mit innovativer Kameraanlage eingerichtet. „Das ist eine vollautomatisierte Bildanlage, die wir selbst entwickelt haben. Damit können wir in einem Arbeitsschritt hochauflösende 360Grad-Produktbilder erstellen.“ Wenn die neuesten Schuhmodelle der Saison schon mal alle zur Datenerfassung im Haus sind, dachten sich die mifitto-Gründer, kann man doch gleich auch Produktfotos davon schießen – und zwar so, dass sie direkt im Onlineshop von jeder erdenklichen Seite betrachtet werden können. Für den Verkauf der Bilder arbeitet mifitto mit einem Hamburger Startup zusammen.

Innovation finanzieren: Erst Bootstrapping, dann Venture Capital

Wie finanziert man so viel Innovation? „Zwei Jahre lang haben wir gebootstrappt, mit eigenen Mitteln und denen von Family and Friends.“ Seit Oktober 2013 beteiligt sich zudem Fraunhofer Venture als Mitgesellschafter und Investor an dem Duisburger Unternehmen. Ein Family Office konnte als weiterer Investor gewonnen werden.

Nach den üblichen Zitterpartien und Kurskorrekturen im Startup-Life läuft es bei mifitto. Auch in finanzieller Hinsicht: „Ich rechne damit, dass wir 2017 den Break Even erreichen.“

Bauduu.de: Mit schlanken Prozessen zum profitablen Business

TEXT
Carmen Radeck

FOTOS
Carmen Radeck

„Lean Startup“ ist heute der Inbegriff dafür, wie man die Produkt- und Geschäftsmodellentwicklung schnell und kostensparend vorantreibt. Geprägt hat diesen Begriff der Amerikaner Eric Ries mit seinem gleichnamigen Buch. Im Kern geht es zum einen darum, mit reduzierten und effektiven Prozessen das Unternehmen schlank zu halten. Zum anderen gilt es, bei der Produktentwicklung nicht lange am Konzept zu feilen, sondern so schnell wie möglich mit einem Prototypen an den Markt zu gehen und diesen mithilfe von Kundenfeedback ständig zu optimieren.

Ein Musterbeispiel eines solchen Startups sitzt in Castrop-Rauxel. Mit ihrem Online-LEGO-Verleih Bauduu.de hat es das Unternehmerehepaar Lea-Maria und Patrick Zimmermann innerhalb von vier Jahren geschafft, durch ständige Optimierung der Prozesse mehr Umsatz mit weniger Mitarbeitern zu machen und dabei ein profitables Unternehmen aufzubauen. Doch das war nicht immer so. Nach einem schlanken Start orientierten sich die beiden an Berlin mit seinem Startup-Hype und Millionen-Investments und waren auf dem besten Weg, ihr junges Unternehmen an die Wand zu fahren. Bis Skater-Legende und Erfolgsunternehmer Titus Dittmann sie in der TV-Show „Kampf der Startups“ nach Strich und Faden auseinandernahm und auf den Boden der Tatsachen zurückholte. Doch der Reihe nach.

Geschäftsidee im Kinderzimmer

Die Idee zu Bauduu.de entstand im Kinderzimmer von Leas und Patricks Sohn Tizian. Zu dessen Spielzeugfavoriten zählte natürlich auch LEGO, und davon hatte er eine ganze Menge. Was besonders Mama Lea auf die Palme brachte: Nachdem Sohnemann das Set einmal aufgebaut hatte, wanderte es in eine Spielzeugkiste und wurde vergessen. „Diese Sets sind so unglaublich teuer“, sagt Lea, „das war für mich rausgeschmissenes Geld.“

Viel besser wäre es doch, wenn man sich die LEGO-Sets ausleihen könnte, so wie früher Bücher aus der Bücherei. Einmal aufgebaut, schickt man das Set wieder zurück und bekommt dafür ein neues. Doch Leas und Patricks Recherche im Internet nach solch einem LEGO-Verleih blieb ohne Treffer. Also beschloss das Elternpaar kurzerhand, selbst einen solchen Service zu starten.

Der Start: Lean und ein bisschen Fake

Da die beiden schon mit einer Internetagentur selbstständig waren, wurden die Grundvoraussetzungen schnell geschaffen. Während Programmierer

Patrick eine Website mit Online-Shop baute, auf die er für den Anfang schon rund 60 verschiedene Lego-Sets aufnahm, gingen Lea und Sohn in den Spielwarenladen und kauften einen Einkaufswagen voll LEGO-Sets. Weitere Sets stellte Patricks LEGO-begeisterter Vater zur Verfügung. Aus den LEGO-Steinen ihrer Schwester legte Lea ein Sortiment aus Ersatzsteinen an, aufbewahrt in Marmeladengläsern. Und weil das Weihnachtsgeschäft vor der Tür stand, kamen auch Gutscheine mit ins Angebot. Mit knapp 20 Sets ging Bauduu.de im November 2013 schließlich online.

Zwei Wochen lang passierte erst einmal nichts – bis zum 28. November. Lea und Patrick feierten gerade ihren Hochzeitstag im Restaurant, als die erste Bestellung einging: ein Gutschein für ein Premium-Paket für drei Monate für 99 Euro. Kurze Zeit später brachten die beiden dann auch das erste Verleih-Set zur Post: den „Star Wars Sith Fury-Class Interceptor". Das Modell hat inzwischen einen Ehrenplatz auf Patricks Schreibtisch. Die ersten drei Monate plätscherten vor sich hin. Marketing betrieben Lea und Patrick kaum. Sie teilten lediglich ihre Facebook-Seite an ihre Freunde und schalteten ein paar Google Ads. „Das haben wir schnell wieder gelassen", sagt Lea, die für das Finanzielle in der Firma zuständig ist. „Viel zu teuer." Patricks Steckenpferd, die Suchmaschinenoptimierung, war schwierig, weil Suchanfragen nach „LEGO-Verleih" nicht existierten. „Das Problem mit Werbung ist außerdem, dass man darüber nicht unbedingt Vertrauen schafft. Das erreicht man besser über die Medien", sagt Patrick.

Also schickten die beiden im Februar 2014 eine Pressemitteilung an die Castroper Ausgabe der Ruhrnachrichten. Die hatten sofort Interesse und standen einen Tag später vor der Tür. Als der Artikel auch online veröffentlicht wurde, rief Sat. 1 an. Es folgten WDR, RTL und die BILD. Der große Durchbruch kam, als Lea und Patrick Mitte 2015 an der ZDF-Show „Kampf der

Startups" teilnahmen und Titus Dittmann ihr Unternehmen nach Strich und Faden auseinandernahm.

Von Titus auf den Boden geholt

Zu der Zeit hatte Bauduu.de bereits über 20 Mitarbeiter. „Wir haben uns damals an Berlin orientiert: Höher, größer, schneller, weiter und dementsprechend auch Personal eingestellt. Die Personalkosten passten überhaupt nicht zu den Einnahmen", erzählt Patrick. Titus rechnete vor, was ihnen längst bewusst war: Ihr macht jeden Monat 10.000 Euro Miese – in fünf, sechs Monaten seid Ihr pleite. Bereits vor der Sendung hatten die beiden damit angefangen, Personal abzubauen. Titus Dittmanns schonungsloses Statement war für das Unternehmerpaar noch mal eine Bestätigung, dass sie umstrukturieren müssen. „Wir haben den klassischen Startup-Fehler begangen", gibt Lea zu. „Immer mehr Mitarbeiter einstellen, bis auf einmal das Geld alle ist und man sich fragt: Brauche ich wirklich ein so großes Team?" Zwei Ratschläge gab ihnen Titus Dittmann mit auf den Weg, die sich die beiden immer noch zu Herzen nehmen: 1) Gib nur das aus, was du verdienst. 2) Problem erkannt, Problem gebannt.

„Nach Titus Dittmann sind wir zur Basis zurückgekehrt", sagt Lea. Bauduu.de mache heute wesentlich mehr Umsatz als damals bei gerade mal der Hälfte an Personalkosten. „Seit zwei Jahren stellen wir so gut wie nicht mehr ein. Wenn wir merken, dass wir mit unseren Mitarbeitern an ein Limit kommen, gehen wir hin und analysieren ganz genau, wofür der Mitarbeiter wie viel Zeit benötigt, um dann etwas zu schaffen, meistens programmiertechnisch, das den Mitarbeiter entlastet", erklärt Lea das Vorgehen und fügt mit einem Schmunzeln hinzu: „Problem erkannt, Problem gebannt."

Knallharte Analyse am Frühstückstisch

Auf die Frage, ob sie sich regelmäßig zu Strategiemeetings zusammensetzen, sagt Lea: „Ja, jeden Morgen in der Küche." Direkt nach dem ersten Kaffee und der Morgenlektüre (BILD, Gründerszene, t3n) geht's an die tägliche Analyse – ohne Whiteboard, dafür mit Schmierzetteln. Darauf notiert Lea akribisch alle Zahlen und Verkäufe vom Vortag, nicht nur die eigenen, sondern auch die der Mitbewerber. Dann überlegen die beiden, welches Problem gerade drängt und wie sie es lösen können. Haben sie eine Lösung gefunden, wird sie in der Regel sofort umgesetzt. Diese Strategie funktioniert vor allem dann gut und schnell, wenn Patrick die Lösung programmieren kann.

Ein paar Beispiele: Zu Anfang wurde im Lager von Bauduu.de mit Laufzetteln gearbeitet. „Das klassische Paper-Problem", sagt Lea. „Das nahm nicht nur viel Zeit in Anspruch, es war auch eine ständige Fehlerquelle." Mittlerweile haben QR-Codes die Zettel ersetzt, die mit dem iPad gescannt werden. Was früher zehn Minuten dauerte, erledigt man heute in zwei Minuten. Eine weitere Automatisierung war die zunächst händische Abgleichung der Beträge bei PayPal mit den entsprechenden Rechnungen. Vor zwei Jahren nahm der Prozess maximal eine halbe Stunde im Monat in Anspruch und läpperte sich mit steigenden Bestellungen schließlich auf zwei bis drei Manntage. „Heute läuft es dank Patricks Programmierung komplett automatisch."

Das Geschäftsmodell neu überdenken

Neben einer ganzen Reihe kleinerer Änderungen, gab es auch eine große strategische Änderung, nämlich die des Geschäftsmodells. „Wenn wir uns nur auf den Verleih beschränken würden, hätten wir ständig Liquiditätsprobleme", sagt Lea. „Verleih-Kunden verursachen Kosten: Kontrollprozesskosten und Versandkosten", erklärt Patrick. Das größte Problem: 30 Prozent der Kunden bezahlen mit zwei Monaten Verspätung die Rechnung – ein prinzipielles Problem beim Geschäft mit Privatkunden. Wie gleicht man die fehlende Liquidität aus?

Eine Frage für die morgendliche Analyse: Wie könnte man zusätzlich Geld akquirieren? Damit begann für Bauduu.de neben dem Verleih der Verkauf von LEGO. Erst verkauften sie bei eBay Kiloware, dann kauften sie komplette Sets an und verkauften sie wieder. Doch die oftmals sehr hochpreisigen Sets verkaufen sich eher schleppend. „Seit April 2017 gehen wir ganz intensiv in den Einzelsteinverkauf", sagt Patrick.

Ihre Erfahrung: Einzelsteine kaufen die Kunden immer. „Es gibt Sammler weltweit, die ihre eigenen Modelle bauen. Du kriegst jeden einzelnen Stein verkauft", sagt Patrick, „das ist unglaublich". Heute schon macht der Verkauf der Sets und Steine mehr als 60 Prozent des Gesamtumsatzes von Bauduu. de aus.

Erfolgreich mit Einzelsteinverkauf

Auch beim Einzelsteinverkauf probierten die beiden viel aus. „Wir haben ein Jahr gebraucht, um herauszufinden, wie es vernünftig funktioniert", sagt Lea. Die Steine kaufen sie direkt über ihre Website an. Dort können Kunden ihre LEGO-Steine per Gewicht verkaufen. Die nächste Herausforderung: Wie lagert man 15.000 verschiedene LEGO-Steine möglichst effektiv. Erst versuchten sie es wieder mit QR-Codes, was sich als extrem aufwändig herausstellte. Heute arbeiten Lea und Patrick mit einem chaotischen Lager: Wo Platz ist, kommt der Stein hin. Das geht schnell und ist vor allem platzsparend. „Bei uns lagern 124.000 Steine, davon 8.000 unterschiedliche, auf gerade mal 20 Quadratmetern", sagt Patrick.

Der Einzelsteinverkauf läuft nicht über ihren Shop, sondern über die beiden weltweit führenden Online-Plattformen. Die Effizienz der beiden Unternehmer zahlt sich aus. „Auf der größten Plattform sind wir unter den Top 50-Shops in Europa, die die meisten Steine im Monat verkaufen, und das mit einem Lagerbestand, der gerade mal fünf Prozent von dem ausmacht, was die großen Anbieter haben", sagt Patrick. Ihre großen Mitbewerber sehen Lea und Patrick weniger als Bedrohung, sondern mehr als Inspiration. „Wir gucken uns viel von unseren Konkurrenten ab und analysieren, wie sie das machen und was wir davon für uns umsetzen können", sagt Lea.

Lea-Maria Zimmermanns Tipp für Gründer

“ DURCHHALTEN UND IMMER DIE NERVEN BEHALTEN. ODER WIE MEIN VATER IMMER SAGT: EIN GRASHALM WÄCHST NICHT SCHNELLER, WENN MAN DRAN ZIEHT. ”

Mit dem Lean Start-up-Ansatz schreibt Bauduu.de inzwischen schwarze Zahlen – anders als andere mit Millionen-Investments finanzierte Spielzeugverleih-Plattformen. „Das zeigt doch", sagt Lea mit stolzem Schmunzeln, „dass wir irgendwas nicht so ganz verkehrt machen."

Kreativwirtschaft/ Lifestyle

Wie kreative Ideen zu neuen Strukturen im Revier führen

Kreativ unterwegs im Revier

TEXT
Michael Kriegel

FOTOS
unsplash.com

Kreativwirtschaft im Ruhrgebiet – diese Assoziation ist sicher nicht die erste, die man hat, wenn es um Entwicklungspotenziale im Revier geht. „Strukturwandel“ war immer ein Begriff, der eine gewisse Schwere hat in einer Region, die früher aus Kohle und Stahl bestand und in der Kohle- und Stahlkonzerne wie RAG, Hoesch, Thyssen oder Krupp Stahl sowie große Player der Produktionswirtschaft dominierten und die mittlerweile eine Region des Mittelstands, der Technologie und der Dienstleistungen ist. Wäre da nicht eine immer noch hohe Arbeitslosenquote.

Daher ist in den vergangenen Jahren die Kreativwirtschaft in den Fokus gerückt, und die Sichtweise, dass Solo-Selbstständige und Kreativunternehmer die Beschäftigungssituation im Ruhrgebiet verbessern, verändern

und weiterentwickeln können, hat sich herumgesprochen.

Verlage und Kommunikationsagenturen, Musiker, Künstler und Designer brauchen sich mit ihren Standorten in Essen, Oberhausen oder Dortmund nicht mehr hinter Berlin, Frankfurt oder Hamburg zu verstecken. Im Ruhrgebiet finden Kreative das, was sie an anderen Standorten längst nicht mehr finden: eine inspirierende Szene gepaart mit günstigen Mieten, guter Erreichbarkeit und einer starken Vernetzung. Die Digitalisierung hat zudem ortsunabhängiges Arbeiten ermöglicht.

Den Charme alter Industrie findet man im Revier zuhauf, ebenso auch Standorte unmittelbar am Wasser, ob am Duisburger oder am Dortmunder Hafen, am Baldeney-, Harkort- oder

Phoenixsee. Durch Veranstaltungen wie die Extraschicht oder die Lange Nacht der Museen wird dieser Industriekultur-Charme lebendig gehalten. Und inspirierend ist es auch: Beim Bundeswettbewerb Kultur- und Kreativpiloten finden sich regelmäßig Ruhris unter den Preisträgern.

Das Ruhrgebiet verfügt bereits über langjährige Erfahrung im Bereich der Kreativwirtschaft und hat unter nationalen Maßstäben gemessen eines der größten Branchennetzwerke initiiert. Mit CREATIVE.NRW, dem Kompetenzzentrum und Netzwerk für die Kreativwirtschaft, und der Errichtung sogenannter Kreativquartiere soll dieser Teil der Wirtschaft belebt werden. Dabei setzt das Revier besonders auf die Querschnitt-Kompetenzen digitaler Technologien und Medien als Motor für interdisziplinäre Zusammenarbeit von Unternehmen. Im Fokus stehen die Schaffung eines Gründungsklimas und die Professionalisierung von Existenzgründungen im Kreativbereich.

14 Kreativquartiere im Rahmen des ecce (European centre for creative economy) gibt es derzeit im Ruhrgebiet. Aber hier ist längst nicht alles Gold was glänzt. Ob Ückendorf oder Unionviertel, überall müssen dicke Bretter gebohrt werden, um aus dem Anspruch der Kreativität auch Wirklichkeit werden zu lassen.

Dazu gehört der stetige Dialog zwischen verschiedenen Bereichen der Kreativwirtschaft, der auch die Hochschulen miteinbezieht. Das unterstützt die Förderung von Talenten und deren Bindung an die Region. Deren hochqualifizierte Ausbildung schafft ein großes Innovationspotenzial für die Zukunftsbranchen und soll dazu beitragen, die lokale Wirtschaft mittelfristig zu stärken, Arbeitsplätze zu schaffen sowie Quartiere und Stadtteile zu reaktivieren.

Netzwerke und Strukturen sind das eine, aber nicht nur Startups, die in kreativen Branchen unterwegs sind, müssen kreativ werden, um sich zu vermarkten, sondern auch alle anderen. Denn die Marktpositionierung erfolgt oft mit geringem Budget – Originalität und Ideenreichtum sind daher umso mehr gefragt. Dazu gehören das Einbinden der eigenen Community, die Nutzung von Kanälen wie Instagram oder Facebook, und die Teilnahme an Quartiers- oder Gründerveranstaltungen. Marketing mit geringem Budget, wobei natürlich auch der Flyer für die Kundenakquise seine Berechtigung hat – wenn er in ein Gesamtkonzept passt.

Arbeitsteilung ist wie in der Industrie auch hier der Schlüssel, wenn das Designbüro nebenan sitzt oder wenn man den Gründer der Mailing-Agentur auf dem Stadtfest kennengelernt hat. Der Union Gewerbehof in Dortmund etwa ist nicht nur ein gutes Beispiel für die erfolgreiche Umnutzung alter Industriegebäude, sondern auch für das fruchtbare Zusammenspiel von Kreativität, Wissenschaft und jungem Unternehmertum. Durch das Projekt ist ein in sich eng verflochtenes soziales Gebilde gegenseitiger Bereicherung entstanden, das zudem bisher 190 neue Arbeitsplätze geschaffen hat. Hier sitzen Startups und Freiberufler aus allen Bereichen Tür an Tür – man kennt sich und tauscht sich aus. Das Unperfekthaus in Essen bietet ebenfalls Raum um miteinander zu arbeiten, zu leben und zu netzwerken.

Kreativität liegt im Ruhrgebiet sozusagen auf der Straße – und die Gründerszene weiß das zu nutzen. Das haben die etablierten Unternehmen auch erkannt: viele lassen sich bereits schulen in Social Media-Strategien und Affiliate-Marketing. Das ist vielleicht ein Standortvorteil, von dem die gesamte Region profitiert.

LUUPS: Kunst findet Stadt

TEXT
Michael Kriegel

FOTOS
Luups

Mit kunstvoll gestalteten Gutscheinbüchern, Science Slams, Gastro und vielem mehr macht ein Dortmunder Unternehmen von sich reden. Im zwölften Jahr erscheinen die LUUPS-Bücher mittlerweile mit 20 Ausgaben in Deutschland und Österreich.

„Der Union-Gewerbehof ist ein super Umfeld für kreative Arbeit." Karsten Brinsa steht vor der Rampe, die zu den Büros von Luups führt. Mehr als ein Verlag, ein Netzwerk von Freiberuflern, ein Motor kreativer Projekte – das ist Luups. Dabei fing alles mit Gutscheinbüchern an, die jeder im Ruhrgebiet kennt. Außergewöhnliche Falafelbuden und Feinkostläden, kleine Szeneklubs und Hinterhof-Galerien abseits des Mainstreams prägen die Seele einer Stadt – und damit auch Karstens Bücher. Was Luups in seinen Gastro- und Szeneguides auflistet, ist so bunt und schillernd wie die Bücher selbst. Mit bis zu 100 Gutscheinen für Essen, Trinken, Freizeit und Kultur in 20 Städten in Deutschland und Österreich ist Luups mehr als der klassische Zwei-für-eins-Deal. Hier teilen echte Lokalpatrioten, so genannte Luupser, ihre persönlichen Entdeckungen und geben zehntausenden Menschen jedes Jahr die Möglichkeit, die eigene Stadt oder andere Metropolen auf eigene Faust zu entdecken.

„Kunst findet Stadt" lautet das Motto der quadratischen, bunten Bücher, die als Gutscheinbücher konzipiert sind und sich so von der Masse abheben. „Am Anfang stand die Idee, eine Plattform für Künstler zu installieren und eine Kombination aus Kunst und Verwertbarkeit, nämlich über Gutscheine zu schaffen", erinnert sich der Jungunternehmer. Die Vergünstigungen sollten vor allem junge Leute ansprechen, die sich mit ihrer Stadt und deren Kultur- und Freizeitangebot identifizieren. Ehrensache für den Dortmunder Architekturstudenten, die Idee in seiner Heimatstadt umzusetzen. In nur sechs Wochen, als Ergebnis harter Arbeit, entstand im Herbst 2004 die Erstausgabe Luups Dortmund 05.

Die Illustration des Buches übernahmen lokale Künstler. „Das künstlerische Potenzial im Freundeskreis war hoch, es lag nahe, dieses zu nutzen", so Karsten.

Das Konzept ging auf. 2006 erschien Luups bereits in 12 Städten, Tendenz steigend. Jedes Jahr kommen zu bestehenden Locations neue hinzu, andere fallen heraus. Dadurch bleibt das Ganze interessant. Der Vertrieb erfolgt vor allem über den Buchhandel, wo die bunten Bücher oft als Blickfang positioniert sind. Aber auch online kann geordert werden. Der Verlag verfügt über ein Partnernetzwerk von über 1.500 Gastronomie- und Kulturbetrieben in Deutschland und Österreich. Mit bis zu 100 Gutscheinen für Essen, Trinken, Freizeit und Kultur wird er von den Luupsern, jedes Jahr neu redaktionell erstellt. In den Büchern werden zudem die Werke von mehr als 100 lokalen Fotografen, Malern und Illustratoren gezeigt. Mit 15 Mitarbeitern sowie einem großen Netzwerk an freien Mitarbeitern sitzt der Verlag mittlerweile an drei Standorten in Dortmund, Mainz und Berlin.

Die Gründung erfolgte aus dem Studium heraus. „Abgeschlossen habe ich immer noch nicht“, sagt der 42jährige grinsend, „aber die Designkenntnisse kommen mir sicher auch bei meiner Arbeit zugute“. Ein Gespür für das Äußere ist wichtig, auch wenn die Gestaltung des Buches von Grafikern erledigt wird und er sich hauptsächlich um die Organisation kümmert. Das Kernteam besteht aus drei bis vier Mitarbeitern. Dazu kommen die Scouts in den jeweiligen Städten, die die jährlichen Luups-Ausgaben konzipieren.

Sie sorgen dafür, dass für jede Stadt passende Locations und Künstler gefunden werden, die die Idee von Luups vorantreiben. „Unser Anspruch ist es, die schönsten Orte einer Stadt zusammenzubringen. Wer kennt diese besser als die, die dort leben?“

Von einer geplanten Existenzgründung will Karsten nicht sprechen, eher vom gleitenden Übergang. „Es hat sich halt ergeben und weiterentwickelt.“ Die Teilnahme am start2grow-Wettbewerb hat er vorzeitig beendet, die Kontakte durch das Dortmunder Netzwerk waren jedoch viel wert. „Die Netzwerke haben zu neuen Projekten geführt, die wir regelmäßig durchführen, meist mit regionalen und überregionalen Partnern.“

Denn nicht nur im Verlagsbereich ist Karsten zu Hause. Luups organisiert im Jahr in über 20 Städten rund 70 Veranstaltungen. Schwerpunktmäßig im Rhein-Main-Gebiet und Nordrhein-Westfalen, aber auch in Berlin, Leipzig oder München, stellt ein wissenschaftsbegeistertes Team Science Slams und andere Formate wie Science Pubs auf die Beine. Mit Basis in Mainz, Berlin und Dortmund werden außerdem im ganzen Land Wissenschaftlerinnen und Wissenschaftler für Vorträge gecoacht und fit gemacht für den großen Auftritt vor Publikum.
Ob in angesagten Clubs, Theatersälen oder großen Kongresshallen - Wissenschaft rockt!

Unterhaltsame Vorträge vor großem Publikum – hier wird die Forschung von Nachwuchswissenschaftlerinnen -wissenschaftlern ins Rampenlicht geholt. Der Science Slam ist ein Wettbewerb, bei dem es gilt in zehn Minuten die Gunst des Publikums zu gewinnen. Allerdings nicht mit poetischen Texten, sondern mit ungewohnt spritzig präsentierten wissenschaftlichen Inhalten. Dabei ist alles erlaubt, was nicht gegen die Brandschutzordnung verstößt. Der beste Vortrag wird am Ende vom Publikum durch Applaus gekürt. Die Themen? Vielseitig und interessant.

Bootstrapping – das ist für Karsten eine Philosophie. „Das Unternehmen Step by Step mit eigenen Mitteln weiter zu entwickeln bedeutet für ihn Unabhängigkeit – finanziell und inhaltlich. Für die Zukunft hat der Dortmunder immer wieder Neues vor. Seit 2016 gibt es das „Luups“ im Dortmunder Kreuzviertel, ein Ort, der gleichzeitig Café, Restaurant, Shop und Eventlocation ist. Luups als Marke und Raum, als Teil eines Lebensgefühls. Gibt es eine Vision für das Unternehmen? „Die gibt es immer“, sagt Karsten schmunzelnd.
Die Eigenständigkeit bedeutet dem Gründer viel. „Natürlich gibt es Momente, in denen man alles in Frage stellt, sich nach einem längeren Urlaub sehnt oder einfach nur in Ruhe ausschlafen will. Aber die unbedingte Entscheidungsfreiheit als Selbstständiger ist ein Luxus, den ich nur ungern hergeben würde.“

milio design: Von der Architektin zur Designerin von Kindermode

TEXT
Michael Kriegel

FOTOS
Karin Götz

Klein und fein – das trifft auf den ersten Blick auf das Ladenlokal von Karin Götz zu. In ihrem Geschäft an der Schillingstraße im Dortmunder Kreuzviertel bietet die Gründerin schlichte und funktionale Kindermode „made in dortmund" von Größe 56 bis 164 sowie Stoffe und eine Damenmode-Kollektion an. Das Sortiment umfasst Wendemützchen und Tücher, Mitwachshosen und Shirts, Pullunder und Pullover. Die Kunden haben auch die Möglichkeit, sich die Stoffe und Farben selbst auszusuchen, oder sich aus der alten Umstandsjeans eine neue Babyhose anfertigen zu lassen.

Die Architektin hat mit dem Geschäft ihren Lebenstraum verwirklicht. Seit ihrer Kindheit begeistert sie sich für Modedesign und plante nach dem Abitur eigentlich eine Schneiderlehre zu machen. Zunächst studierte sie aber Architektur und arbeitete gut zehn Jahre als Architektin.

Erst 2009 während der Elternzeit nach der Geburt ihres zweiten Sohnes Emilio (der auch Namensgeber ihres Geschäfts ist), fing sie wieder intensiv an, zu nähen, bedingt durch das fehlende Angebot an Kindermützen im Einzelhandel. Entweder gefielen ihr die Mützen nicht oder sie waren zu klein. Es dauerte noch zehn zur Probe genähte Mützen, bis Karin endlich ihren eigenen Ansprüchen genügte, was Design und Passform angeht. Und nicht nur das, sie schien auch den Geschmack anderer Mütter getroffen zu haben, von denen sie auf die Mütze ihres Sohnes angesprochen wurde – die Idee zu einem kleinen Label war geboren. Die Nachfrage wurde immer größer und so richtete die Gründerin sich zu Hause ein kleines Atelier ein. Zunächst mit der alten Nähmaschine der Oma, bald schon mit einer Overlock-Nähmaschine, die ganz neue Möglichkeiten bot.

„Anfangs habe ich die Sachen auf dem Kinderbasar in der Elternschule des Johannes Hospitals und auf den Trödelmärkten im Westfalenpark angeboten. Durch Mund-zu-Mund-Propaganda hatte ich schnell einen großen Kundenkreis und die Leute kamen auch zu mir nach Hause", erzählt die junge Mutter. „Als ich dann nach Ende der Elternzeit im April 2010 wieder zurück in meinen Job sollte, war bald klar, dass ich nicht alles unter einen Hut bringen konnte – die Kinder, den Job als projektleitende Architektin und das Label. Dann wurde zufällig das kleine Ladenlokal an der Ecke Schillingstrasse frei und ich wusste, dass das eine gute Gelegenheit war." Sie zögerte nicht lange und schlug den Weg in die Selbstständigkeit ein.

Seit der Eröffnung Ende 2010 kann Karin tun, was ihr in ihrem Job als Architektin zunehmend gefehlt hat – etwas mit den Händen zu produzieren – auch ohne Schneiderlehre. „Neben dem eigenen Label habe ich von Anfang an auch ausgewählte Produkte anderer Dortmunder Designer und zugekaufte Kindermode aus Skandinavien angeboten, dazu kamen nach und nach Pixibücher, Kinderspielzeug und schließlich Stoffe und Kurzwaren, die sich zum zweiten Standbein von milio etabliert haben." Das Angebot umfasst Patchworkstoffe und Wachstücher aus den USA und aus Japan, Kinderjerseys aus Skandinavien, sowie Bündchenware, Nicky, Frottee und viele andere Basics.

Der Standort im Dortmunder Kreuzviertel, das seit jeher als Szeneviertel mit vielen Cafés, individuellen Läden und ganz besonderem Flair gilt, passt zu den angesprochenen Kunden, und das sich entwickelnde Union-Kreativviertel ist auch nicht weit entfernt. Auch Selbstnäher kommen auf ihre Kosten. Wer dem Do it yourself-Trend folgen will hat die Möglichkeit, im Online-Shop ausgewählte Stoffe zu bestellen – oder natürlich gefertigte Mode aus dem milio-Sortiment.

So individuell wie ihr Weg zur Gründung war, sind auch ihre Stücke. „Ich verarbeite nur hochwertige Stoffe und lege viel Wert auf Individualität, Qualität und Langlebigkeit.“ Wichtig ist ihr auch das Zeitmanagement: „Ich schaffe es längst nicht mehr alles allein zu produzieren und habe mir Unterstützung von anderen geholt“, sagt Karin lachend. „Aber nach wie vor wird alles nur in kleinen Auflagen in Dortmund produziert.

Neues Schwarz: Mit Premium-Qualität ein Massenprodukt revolutionieren

TEXT
Carmen Radeck

FOTOS
Carmen Radeck

Vor drei Jahren beschlossen Benedikt Heitmann und sein Bruder Johannes, die Kaffeekultur im Ruhrgebiet zu revolutionieren und eröffneten im März 2015 ihre Kaffeerösterei mit Brewbar, –Neues Schwarz –, in Dortmund. Doch den eingefleischten Industriekaffee-Konsumenten die ungewohnten Aromen dieser anderen Art der Röstung schmackhaft zu machen, war für das Team zunächst schwieriger als gedacht.

Inzwischen bilden sich oft Schlangen von Kaffeegenießern an Benedikts Tresen, die sich die Bohnen ihrer Lieblingssorte für die heimische Kaffeemaschine mit nach Hause nehmen. Benedikt und sein Team haben es geschafft. Nachfrage und Umsätze steigen stetig, und das ganz ohne teure Marketing-Kampagnen, dafür mit einem Produkt in Premium-Qualität, einem authentisch-sympathischen Branding und viel Gespür und Offenheit für die Zielgruppe.

Kaffee als neues Produkt präsentieren

Von der Premium-Qualität der hauseigenen Röstung kann man sich schon überzeugen, wenn man sich dem Ladenlokal von Neues Schwarz nähert. Der unwiderstehliche Kaffeeduft strömt einem schon vor der Tür entgegen. Für Kaffeefans schier unmöglich einfach vorbeizugehen, ohne sich auf einen schnellen Espresso oder auf einen frisch aufgebrühten Filterkaffee in die Brewbar zu setzen. Kaffee wird bei Neues Schwarz nicht als flüssiges Beiwerk zur Sahnetorte oder Zigarette konsumiert. Kaffee wird hier zelebriert wie eine gute Flasche Wein. „Wir sind keine klassische Rösterei, sondern verstehen uns als Kaffeesommeliers, die immer auf der Suche nach den qualitativ besten Kaffeeernten sind", sagt Benedikt.

Das Zelebrieren fängt schon bei der Zubereitung an. Filterkaffee kommt hier nicht aus der Maschine, sondern wird von Hand gebrüht, wie man es vielleicht noch von der Oma kennt. Das „Kännchen" ist bei Neues Schwarz eine schicke Glaskaraffe, die man zusammen mit einem kleinen bauchigen Kaffeeglas auf einem Holzbrettchen serviert bekommt. Milch und Zucker? Fehlanzeige. „Das wäre so, als ob man Milch in Champagner gießt", sagt Benedikt mit verschmitztem Grinsen, aber mit einem durchaus ernsten Gesichtsausdruck. Mit seiner Rösterei möchte er Kaffee als ein anderes, neues Produkt präsentieren.

Der erste Schluck überrascht. Mit dem Geschmack, den man vom Morgenkaffee aus der heimischen Maschine kennt, hat das hier wenig zu tun: Gar nicht bitter, dafür erstaunlich fruchtig. Den Unterschied zum Kaffee aus dem Supermarkt macht nicht nur die Qualität der Bohnen, sondern vor allem auch die Art und Weise, wie Benedikt den Kaffee röstet.

„Es gibt bis zu 1000 verschiedene Kaffeearomen." Von fruchtig über nussig bis hin zu schokoladig.

Gehen mit der eher dunklen, industriellen Röstung die meisten Aromen verloren, verfolgt Benedikt einen anderen Ansatz, den der hellen Röstung. Die Philosophie dahinter: Die Bohne wird nur so weit geröstet, dass der Ursprung an Aromen erhalten bleibt. „Durch hellere Röstungen halten wir die besonderen Geschmacksprofile in der Bohne und zeigen damit die ursprüngliche und natürliche Geschmacksvielfalt des Kaffees. Für uns ist Kaffee eine Frucht. Deshalb darf er auch fruchtig schmecken."

Geschäftsidee aus Nürnberg mitgebracht

Die Geschäftsidee, eine eigene Kaffeerösterei mit Ausschank, der sogenannten Brewbar, zu starten, hat Benedikt aus Nürnberg mitgebracht. Als studierter Raumplaner hatte er dort eigentlich einen Job in einem Planungsbüro. Vom permanenten Kaffeeduft aus der benachbarten Rösterei angelockt, wurde Benedikt dort bald zum Stammkunden. „Dabei mochte ich Kaffee gar nicht. Der Geschmack war mir immer zu bitter." In der Kaffeerösterei eröffnete sich ihm dann eine ganz neue Welt der Aromen. Mit der Zeit entwickelte sich Benedikt vom Stammkunden zunehmend zum echten Kaffeeexperten, und es folgte der nächste logische Schritt: Er fing in der Kaffeerösterei einen Job an, lernte alles über Aromen, Kaffeekirschen, verschiedene Qualitäten von Bohnen und vor allem über das Rösten.

Doch nicht nur das lernte er in Nürnberg. Bei der Eröffnung einer weiteren Filiale war Benedikt maßgeblich an der Planung beteiligt und bekam einen Eindruck davon, was nötig ist, um eine eigene Rösterei zu betreiben und mit welchen Investitionen man rechnen muss. „Eine Siebträgermaschine kostet so viel wie ein Kleinwagen", war eine seiner Erkenntnisse.

Teambuilding, Businessplan und 5.000 Euro Startgeld

Als für Benedikt feststand, dass er wieder zu Familie und Freunden ins Ruhrgebiet zurückkehren will, nahm die Idee Form an, in Dortmund mit einer eigenen Rösterei zu starten. Mit ins Boot holte er seinen Bruder Johannes für die Finanzen und seine damalige Freundin und heutige Ehefrau Felicitas für das Corporate Design. Um das Projekt auch wirklich durchzuziehen, suchten die drei Gründer nach einem Gründerwettbewerb, mehr als persönliche Challenge, um den Businessplan in der vorgegebenen Frist auch wirklich fertigzustellen, als mit dem Ziel, den Wettbewerb zu gewinnen. Am Ende hatten sie nicht nur einen Businessplan, sondern belegten gleich noch den mit

5.000 Euro dotierten dritten Platz beim Dortmunder Gründungswettbewerb start2grow.

„start2grow war für uns ein Türöffner", sagt Benedikt. Neben dem Preisgeld bekam das Team einen Gründerkredit von der KfW Bank bewilligt und erhielt den Zuschlag für das Wunsch-Ladenlokal an der Saarlandstraße: Ein großer, heller Raum, hohe Decken, viele Fenster. Die Einrichtung ist rustikal-schick mit viel Holz und offenem Blick über die Theke hinüber zur Röstmaschine und den typischen Jutesäcken mit Kaffeebohnen. Für die Planung der Einrichtung ihres Ladens engagierten Benedikt und sein Team einen Ladenbau-Studenten, der das Projekt zu seiner Bachelorarbeit machte. Die Umsetzung in die Wirklichkeit übernahm das Team selbst. „Wir haben hier alles selbst gemacht", sagt Benedikt: Wände gestrichen, die Holzeinrichtung gebaut, Kupferrohre an die Wände und Beleuchtung an die hohe Decke angebracht. Bis zum letzten Tag vor der Eröffnung haben sie gewerkelt. Den Ablauf und Fortschritt dokumentierten sie auf Facebook und Instagram und sammelten damit erste Fans.

Das Ziel: In Dortmund eine neue Kaffeekultur etablieren

Die Startphase nach der Eröffnung verlief zunächst schleppend. An das Konzept

einer Kaffeebar, bei welcher der Kaffee im Mittelpunkt steht und nicht nur Beiwerk zur Torte ist, musste Benedikt seine potenzielle Kundschaft genauso gewöhnen wie an das neue Geschmackserlebnis. „Das hatte ich ein bisschen unterschätzt“, gibt der Gründer zu. Als Zielgruppe hatte das Team das jüngere Lifestyle-Publikum im Visier. Mit offenen Cuppings, also Verkostungen verschiedener Röstungen, lockte Benedikt regelmäßig neue Kaffeegenießer in seine Bar. Die Qualität und das neue Erlebnis sprachen sich langsam herum.

Was die Zielgruppe angeht, weiß Benedikt heute, dass das Alter kaum eine Rolle spielt, vielmehr das Interesse an Nachhaltigkeit, an einer hohen Qualität und an Lifestyle. „Was mir auch bewusst wurde, ist, dass die Kundschaft sehr lokal geprägt ist. Meine Kunden hier sind hauptsächlich aus Dortmund und aus der näheren Umgebung.“ „Kaffeetouristen“, die speziell wegen der Röstung kommen, seien eher selten. Trotzdem fährt das Neues Schwarz-Team den Großteil des Umsatzes mit dem Verkauf der Bohnen ein, nicht mit dem Ausschank im Café. Dazu trägt vor allem auch das B2B-Geschäft mit Cafés und Gastronomie bei. Zudem wächst die Nachfrage im Retail Segment. So kann man Neues Schwarz-Kaffee in einer

Edeka-Filiale und in anderen Lebensmittelgeschäften in Dortmund kaufen.

Magazinbeitrag sorgt für dreifachen Online-Umsatz

Auch online im eigenen Webshop können Kaffeegenießer Neues Schwarz-Röstungen bestellen. Im Gegensatz zum Vorjahr haben sich die Online-Umsätze inzwischen verdreifacht. Dabei haben Benedikt und sein Team den Onlinehandel eher nebenbei betrieben. Bis ein einziger Beitrag im Magazin der Süddeutschen Zeitung den Online-Verkauf in die Höhe schießen ließ. Im Januar 2017 nämlich veröffentlichte das SZ-Magazin einen Testbericht zu verschiedenen Premium-Kaffeesorten. Benedikt erfuhr bereits kurz vor Veröffentlichung, dass sein Kaffee unter den Top-Favoriten war. Dass er schließlich Testsieger wurde, sorgte dann doch für eine Überraschung. „Das war schon ein surreales Erlebnis." Nach der Veröffentlichung kamen Bestellungen im Minutentakt herein. Dabei hatte Benedikt ausgerechnet von der getesteten Sorte nicht mehr viel am Lager. „Als die Sorte ausverkauft war, haben wir mit einem Button auf eine ähnliche Sorte verwiesen. Das funktionierte ganz gut."

Von dem Beitrag profitiere der Onlineshop immer noch, ist Benedikt überzeugt, denn wie zuvor läuft der Shop nebenbei ohne weitere Marketingaktionen, dafür mit steigenden Umsätzen. Hier weiteres Potenzial auszuschöpfen, hat das inzwischen zehnköpfige und weiterwachsende Team erst einmal zurückgestellt. Der nächste Meilenstein im Herbst 2017 ist nämlich, zu expandieren und die Marke Neues Schwarz in Dortmund stärker zu etablieren – mit einem neuen Café mitten in der Einkaufszone.

Benedikts Tipps für Gründer

“ WENN MAN IM BEREICH GASTRONOMIE GRÜNDET, IST EIN BUSINESSPLAN MIT HAND UND FUSS SEHR SINNVOLL. MAN SOLLTE ZUDEM IMMER DIE PERSONALKOSTEN IM BLICK HABEN. UND DIE LAGE IST NATÜRLICH ELEMENTAR. ”

Knüppelknifte und Grubenglück: Erfolgreich mit System

TEXT
Carmen Radeck

FOTOS
Grubenglück

Mit ihrem Unternehmen Grubenglück sind die beiden Bochumer Gründer Erik Schwarzer und Florian Herrmann in einem der am härtesten umkämpften Märkte erfolgreich: der Hochzeitsfotografie. Mehr als 120 Hochzeiten fotografieren die beiden und ihr 15-köpfiges Team inzwischen pro Jahr – im gehobenen Leistungssegment. Um die schleppende Auftragslage in der Anfangsphase zu überbrücken, bauten sie sich mit einer weiteren Geschäftsidee ein zweites Standbein auf – in einem nicht weniger umkämpften Markt: der Gastronomie. Ihr Stockbrot-Startup „Knüppelknifte" wurde nicht nur der Renner im Bochumer Kneipenviertel Bermudadreieck. Erik und Florian waren die ersten, die bei der VOX-Show „Die Höhle der Löwen" einen Deal der Investoren ablehnten.

Wie aus einer Produktidee ein Gastronomiebetrieb wurde

Erik Schwarzers Motivation, sein eigenes Unternehmen zu gründen, war vor allem pragmatischer Natur: „Ich habe mich aus Geldmangel selbstständig gemacht", sagt der Bochumer geradeheraus. Wie sein Schulfreund Florian hielt sich Erik während des Studiums mit allen möglichen Zeitarbeitsjobs über Wasser. Aber das konnte es auf die Dauer ja auch nicht sein, dachten sich die beiden. Also gründete Erik, ambitionierter Nachwuchsfotograf, kurzerhand ein Fotostudio am Bochumer Schauspielhaus.

Da die Anfangsphase allerdings etwas schleppend verlief und nicht genug fürs tägliche Auskommen abwarf, suchten die beiden Studenten nach einer weiteren Möglichkeit, Geld zu verdienen - und landeten bei einer ganz neuen Geschäftsidee. „Ich war damals oft Betreuer bei Ferienfreizeiten“, erzählt Erik. „Da kam mir die Idee, das gute alte Stockbrot vom Lagerfeuer in Top-Restaurants zu bringen.“ Auch Kumpel Florian war für die Idee zu haben. Also tüftelten die beiden neben Studium und Fotostudio daran, Hardware zu entwickeln, die das Stockbrot-Rösten als Gastronomie-Erlebnis salonfähig machen sollte. Sie testeten verschiedene Stockvarianten und entwickelten einen speziellen Tisch mit integriertem Lagerfeuer, der gefahrlos in Restaurants installiert werden konnte.

Mit den ersten, selbstgebauten Prototypen machten sich Erik und Florian auf den Weg und klingelten bei den Top-Restaurants der Region an. Die zeigten sich durchweg interessiert. „Es kam nicht einmal vor, dass wir abgewimmelt wurden“, sagt Florian. Dass sie in Sachen Gastronomie keine Erfahrung hatten, daraus machten die beiden nie einen Hehl. Im Gegenteil. „Wir haben das sehr offen kommuniziert und gesagt, dass wir zwar wenig können, aber immer unser Bestes geben“, sagt Erik. Ihre Offenheit und Authentizität kam an. Als ersten Abnehmer konnten sie ein Restaurant im Dortmunder Westfalenpark gewinnen, das das Stockbrot in sein Programm aufnahm. Als die beiden Gründer feststellten, dass ihr Konzept der Knüppelknifte nicht so umgesetzt wurde, wie sie sich das vorgestellt und als Konzept erarbeitet hatten, war klar: „Das müssen wir selbst machen“. Und so wurde aus einer Produkt-Idee ein eigenes Gastronomiekonzept.

Über Crowdfunding, Hochsee-Container und das Glück der Tüchtigen

Doch einen Gastronomiebetrieb zu starten, war vor allem eins: teuer. „Ein eigenes Restaurant hätte für uns ein Invest im mittleren fünfstelligen Bereich bedeutet“, sagt Florian. Also war wieder Kreativität gefordert. Statt in ein teures Ladenlokal zu investieren, kauften sie sich für ein paar Hundert Euro einen Hochsee-Container. Die Idee: Diesen als Pop-up-Restaurant umfunktionieren und damit zu kulinarischen Events in ganz Deutschland auf Tour gehen. Eine Art Foodtruck also, noch bevor der Hype damit so richtig losging. In nächtlichen Aktionen in der Uni-Werkstatt bauten sie Eriks alte Küche in den Container ein. Das Handwerkliche übernahmen die beiden dabei komplett selbst. Fehlende Skills lernten sie per Video-Tutorial. „Mit Youtube haben wir uns das Schweißen beigebracht“, sagt Erik lachend. Um das Projekt zu finanzieren, probierten sie etwas zu der Zeit ganz neues aus: Crowdfunding. Die Plattform Startnext war kurz zuvor online gegangen und so starteten Florian und Erik ihre Crowdfunding-Kampagne für Knüppelknifte. Leider erfolglos. „Heute wissen wir, dass das eigentlich die falsche Plattform für uns war", sagt Erik, „wir hätten eher ein Investment gebraucht."

Also musste anderweitig Geld beschafft werden. Inzwischen hatten sich Rechnungen in Höhe von rund 10.000 Euro angesammelt. Da kam eine neue Runde des Bochumer Gründerwettbewerbs „Senkrechtstarter" den beiden gerade recht. Zu gewinnen gab es: 15.000 Euro. Also legten sich die beiden Gründer ins Zeug und schrieben zu Knüppelknifte ihren Businessplan. Klare Zielvorgabe: Den Wettbewerb gewinnen.

Die Rechnung ging tatsächlich auf. Erik und Florian räumten beim Senkrechtstarter den ersten Platz und die 15.000 Euro ab. Der Plan, mit dem Container-Restaurant durch Deutschland zu touren, konnte in die Tat umgesetzt werden. Weit kamen sie allerdings nicht. Erste und letzte Station: ein kulinarisches Festival in Bochum. Dort hatten sie Gelegenheit, Leo Bauer kennenzulernen, den König des Bochumer Kneipenviertels Bermudadreieck. Der ließ sich von der Idee der beiden überzeugen und gab ihnen für zwei Jahre die Chance, ihre Stockbrot-Gastronomie auf der überdachten Bühne unten im Bermudadreieck zu betreiben. Kurze Zeit später starteten sie mit sechs Tischen, die sie schnell auf zehn und schließlich 14 Tische erweiterten. Die Knüppelknifte war die neue Sensation im Bermudadreieick und regelmäßig ausgebucht. Auch ihre Idee, Stockbrot mit der gehobenen Küche zu verknüpfen, verfolgten die beiden Gründer weiter und fragten dazu bei Sterneköchen der Region nach exklusiven Stockbrot-Menüs an. Mit Erfolg: Fernseh-Koch Björn Freitag entwickelte ein eigenes Menü, das zum Knüppelkniften-Event „Brot und Wein" serviert wurde.

In der Höhle der Löwen: Große Deals und schwere Entscheidungen

Eriks und Florians Erfolg in Bochum machte auch die Medien aufmerksam. Zuerst berichtete die lokale Presse über das neue Gastronomie-Erlebnis. Dann

meldeten sich verschiedene Fernsehsender, darunter auch VOX. Der Sender schlug den beiden vor, sich für die neue Gründer-Show „Die Höhle der Löwen" zu bewerben. Erik und Florian bewarben sich und gehörten gleich zu den Gründerteams der ersten Staffel. „Wir sind mit dem Ziel dort hingegangen, ein Investment zu bekommen", sagt Erik, „aber nicht um jeden Preis". Mit dem Geld wollten die beiden Gründer die Knüppelknifte als Franchise-Modell ausbauen. Florians und Eriks Auftritt gefiel den Löwen, allerdings wollten sie lieber auf Masse statt auf Qualität setzen und aus der Knüppelknifte Fastfood machen. Nach kurzer Bedenkzeit lehnten die beiden Gründer den Deal der Investoren ab – zum ersten Mal überhaupt in dieser Show. Zwar verließen sie die Sendung ohne Investment, dafür mit jeder Menge Buzz und Aufmerksamkeit. Zu viel für ihren Onlineauftritt. „Unsere Website ist nach der Ausstrahlung komplett zusammengebrochen, und am nächsten Morgen hatten wir mehr als 800 E-Mails im Postfach", erzählt Florian.

Bei dem Angebot der Löwen blieb es nicht. Weitere Investitionsangebote flatterten ins Haus. Auf eins davon gingen Erik und Florian ein, das Knüppelknifte als Franchise weiterentwickeln und auf die nächste Ebene heben sollte. Es zeigte sich allerdings, dass sich die Zusammenarbeit mit den Investoren zunehmend schwierig und nicht wie geplant gestaltete. So, wie sie den Deal der Löwen ausschlugen, um sich ihr Projekt Knüppelknifte nicht kaputtmachen zu lassen, so kauften sie sich nun aus dem Vertrag mit den Investoren frei. „Da haben wir einiges an Lehrgeld gezahlt", sagt Erik. Dafür liegt Knüppelknifte wieder einzig in den Händen der beiden Gründer. Nach zwei Jahren mit eigenem Gastronomie-Betrieb im Bermudadreieck konzentrieren sich Erik und Florian nun ausschließlich auf die Vermarktung

Eriks und Florians Tipp für Gründer

„HABT IMMER EIN OFFENES OHR FÜR NEUE IDEEN UND EINFLÜSSE. WAS IHR SPÄTER DARAUS MACHT, MÜSST IHR ENTSCHEIDEN.“

der Knüppelknifte als System, ohne ein eigenes Restaurant zu betreiben. Mittlerweile haben vier Gastronomie-Partner in Bochum, Essen, auf Sylt und Mallorca das Knüppelknifte-Konzept in ihren Betrieben mit aufgenommen. Auch wenn sie sich einen größeren Franchisenehmer wünschen würden, lassen es die Erfinder der Knüppelknifte nach ihrem Investoren-Abenteuer langsam angehen.

Back to the Roots: Hochzeitsfotografie mit System

Inzwischen hat sich nämlich ihr erstes Standbein, das Fotostudio, zu einem erfolgreichen Unternehmen entwickelt. Als „Grubenglück“ GmbH organisieren die beiden Bochumer Jungunternehmer jährlich mehr als 120 Hochzeits-Reportagen mit einem rund 15-köpfigen Team. Was nach ganz unterschiedlichen Geschäftskonzepten aussieht, in beiden Unternehmen ist die Handschrift der beiden Gründer deutlich erkennbar. Wie bei Knüppelknifte setzen Florian und Erik auch bei ihren Fotoshootings auf höchste Qualität, Fullservice und ein besonderes Erlebnis.

Und wie hinter Knüppelknifte steckt auch in Grubenglück ein ausgeklügeltes System. Hier arbeiten Fotografen nicht mit ihrem eigenen Equipment. Von den Kameras über die Verträge bis zu den liebevollen Verpackungen, in denen dem Brautpaar die Fotos geliefert werden, liegt alles in der Hand des Unternehmens. „Wir gehen sogar einmal im Jahr mit unserem Team shoppen, damit sie auf den Hochzeitsfeiern auf jeden Fall passend gekleidet sind“, sagt Erik.

So haben sich aus den Bochumer Quereinsteigern, die „wenig können, dafür immer ihr Bestes geben“ zwei Unternehmer entwickelt, die mit Authentizität und System selbst in hart umkämpften Märkten erfolgreich sind.

Teilzeit-gründung

Für alle, die nicht sofort volles Risiko gehen wollen...

Gründung in Teilzeit

Kopf in den Wolken, Füße am Boden - Wie eine Gründung im Nebenerwerb gelingen kann

TEXT
Michael Kriegel

Ist ein echter Gründer nur jemand, der mindestens zwölf Stunden täglich für sein Startup schuftet? Oder gibt es auch andere Alternativen? Wer das Buch „Die 4-Stunden-Woche" von Timothy Ferriss gelesen hat, ahnt, dass es zwischen den Extremen auch noch Wege gibt, eine Unternehmensgründung anzustreben, ohne komplett auf soziale Sicherheit verzichten zu müssen. Jemand, der nach Feierabend vom „regulären" Job noch Produkte designt und über DaWanda verkauft, hat ebenso eine Gründermentalität wie jemand, der einen Pop-up-Store öffnet oder dreimal die Woche nach 18 Uhr ein eigenes Café oder eine Galerie am Laufen hält.

Nach einer Studie des Instituts für Mittelstandsforschung in Bonn sind 80 Prozent aller Wissenschaftler an deutschen Hochschulen im Nebenerwerb selbstständig. Hybrides Unternehmertum ist hier nicht die Ausnahme, sondern die Regel. Insgesamt scheinen die meisten Befragten zufrieden mit ihrer Selbstständigkeit im Nebenerwerb zu sein, da sie rückblickend den Schritt wiederholen würden. Aber auch außerhalb des Hochschulbereichs kann eine Teilzeit-Gründung ein guter Weg zu einer vollständigen Existenzgründung sein. Laut einer Studie der Kreditanstalt für Wiederaufbau (KfW) haben zwei Drittel der 349.000 Frauen, die im Jahr 2010 in die Selbstständigkeit gestartet sind, im Nebenerwerb gegründet, bei Männern sind es etwa 50 Prozent. Wenn die monatlichen Fixkosten bezahlt und die Sozialversicherungsbeiträge gedeckt sind, lässt es sich entspannter an der Geschäftsidee basteln und im Sinne des Lean Startup ausprobieren. Auf der anderen Seite besteht die Gefahr, sich zu verzetteln oder zwischen unterschiedlichen Aufgaben aufzureiben. Man muss seine Zeit auf die feste Stelle, die Gründung und die Familie aufteilen. Kurz gesagt: Gründen in Teilzeit ist nicht für jedermann geeignet. Und auch nicht jede Art von Unternehmung bietet sich für eine Teilzeit-Gründung an.

Viele Dienstleistungen etwa bieten gute Möglichkeiten für einen Nebenerwerb, ebenso der Online-Handel mit eigenem Webshop oder über Plattformen. Bei Technologieunternehmen, der Notwendigkeit von Produktionsstätten oder der Durchführung von Dienstleistungen, die zeit- und ortsabhängig sind, wird es schon schwieriger.

Grundsätzlich gilt: der Arbeitgeber der Haupttätigkeit muss seine Zustimmung zu einer Teilzeit-Gründung geben. Ablehnen kann er diese nur aufgrund betrieblicher Interessen, was meist dann der Fall ist, wenn man im selben Geschäftsfeld tätig wird oder die Nebentätigkeit den Hauptjob zeitlich oder von der Leistungsfähigkeit her beeinträchtigt. Bei der Krankenkasse muss man sich ebenfalls informieren, ob für die weitere Tätigkeit separate Beiträge gezahlt werden müssen. Die Kasse prüft dann, ob der Nebenerwerb wirklich nur ein Zubrot oder sogar der wirtschaftliche Mittelpunkt ist und entscheidet, ob der Gründer pflichtversichert über den Arbeitgeber bleibt oder sich freiwillig versichern muss. Zudem sind oft weitere Versicherungen wie betriebliche Haftpflicht, Unfall- oder Berufsunfähigkeitsversicherung notwendig.

Eine Nebenerwerbs-Gründung muss bei der Gewerbemeldestelle angemeldet werden, eine freiberufliche Tätigkeit beim Finanzamt über eine Steuernummer. Kleinunternehmer können sich zudem bei einem Jahresumsatz von maximal 17.500 Euro von der Umsatzsteuer befreien lassen. Bei der Einkommenssteuer werden die Einkünfte aus selbständiger und nichtselbständiger Arbeit gemeinsam versteuert. Eine Gründung in der Elternzeit ist ebenfalls mit bis zu 30 Wochenstunden möglich.

Wenn die lästigen, aber notwendigen Formalien geklärt sind, heißt es loslegen, mit der Sicherheit einer festen Stelle im Rücken, auf die man sich immer wieder stützen kann. Und wer weiß, vielleicht wird der Nebenerwerb bald schon zum Hauptjob – und man sagt tschüß zum Angestellten-Dasein.

emotion Sportswear: Neben dem Fulltime-Job das eigene Unternehmen gründen

TEXT
Carmen Radeck

FOTOS
emotion Sportswear

Vollzeit angestellt als Mediengestalterin in einer Werbeagentur hatte Jennifer Letzing aus Essen 2012 eine Idee für ein Produkt. Die kam ihr nicht während der Arbeit, sondern als sie mal wieder ihrer Leidenschaft nachging: dem Mountainbiking. Bei einem der knallharten 24-Stunden-Rennen, die Jenni mit Vorliebe bestreitet, fällt ihr das Fahrrad Dress eines bayerischen Teams ins Auge: zünftig im Stil der typischen Trachtenlederhosen.

Das bringt sie auf die Idee: „Es müsste ein Trikot geben, mit dem man auch seine Leidenschaft fürs Ruhrgebiet nach außen tragen kann." Als sie bei ihrer Suche danach nicht fündig wird, setzt sie sich kurzerhand an eigene Entwürfe. Schließlich hatte sie schon mal Trikots fürs Kollegenteam der Agentur entworfen. Ihre ersten Entwürfe kommen gut an bei Freunden und Kollegen. „Eigentlich habe ich doch nichts zu verlieren", denkt sich Jenni und meldet ein Gewerbe an – kostet schließlich nur 20 Euro. Ein Name für ihr frisch gegründetes Label ist auch schnell gefunden: emotion Sportswear. Das Logo designt die Mediengestalterin natürlich selbst.

Schwierige Suche nach einem Hersteller

Schwieriger als die Namensfindung und kostenintensiver als ein Gewerbe anzumelden, ist die Suche nach einem Hersteller für die Trikots. Deutsche Firmen melden sich auf Jennis Anfragen entweder erst gar nicht zurück oder sind zu teuer. Fündig wird sie schließlich auf der B2B-Plattform Alibaba.com. Dort nimmt sie mit einem chinesischen Hersteller Kontakt auf. „Die ersten Muster, die geliefert wurden, waren totaler Schrott", erzählt Jenni nüchtern. 24-Stunden-Rennen erfordern eben eine gewisse Qualität und Passform. Ein paar Euro muss die Solounternehmerin investieren, bis sie die richtige Qualität geliefert bekommt.

„Dann kam die nächste Herausforderung: Ich brauchte einen eigenen Onlineshop." Auch hier experimentiert Jenni mit verschiedenen Systemen, die sie in ihre, mit WordPress selbst gebaute, Website integriert. „Dabei gingen schon ein paar Abende drauf." Wenige Wochen vor Weihnachten 2012 steht dann der Shop. Erste Kunden holt sie mit ihrer Facebook-Fanpage und Werbeanzeigen, die sie auf Facebook und Google schaltet. Fit in Sachen Onlinemarketing optimiert sie Website und Shop zudem selbst für die Suchmaschinen. So kurz vor Weihnachten laufen die Verkäufe für die junge Teilzeitunternehmerin gut an. Den Einbruch der Bestellungen nach Weihnachten nimmt sie sportlich. Ihren Lebensunterhalt muss sie von ihren Verkäufen ja (noch) nicht finanzieren.

Nach Feierabend das eigene Unternehmen voranbringen

Auch wenn sie mit dem Gedanken liebäugelt, in die volle Selbstständigkeit zu gehen, arbeitet Jenni die nächsten Jahre weiter nach Feierabend an ihrem Unternehmen. An den meisten Tagen ist das kein Problem. „Manchmal ist es aber schon hart, sich aufzuraffen", gibt sie zu. An solchen Tagen nimmt sie sich nach dem Bürojob erst einmal ein bis zwei Stunden Auszeit, um sich dann wieder mit klarem Kopf ihrem Unternehmen zu widmen. Es muss dann ja nicht unbedingt die wenig geliebte Buchhaltung sein. „Was ich an der Selbstständigkeit besonders mag, ist, dass ich eigene Ideen ohne lange Entscheidungswege einfach mal ausprobieren kann", sagt Jenni. „Da bin ich freier als in meinem Job als Angestellte."

Hat sie während der Woche nur wenige Stunden für ihr Unternehmen zur Verfügung, nutzt sie die Wochenenden dafür umso intensiver. Vor allem auf Mountainbike-Events ist Jenni mit Ausstellungs- oder Verkaufsständen vertreten, um direkt bei ihrer Zielgruppe für ihre Trikots zu werben. Premiere hatte sie im Jahr 2014 mit einem Messestand auf dem 24-Stunden-Rennen am Alfsee. Dort schickte sie sogar ihr eigenes Team ins Rennen: das emotion Sportswear Racing Team.

Inzwischen bietet Jenni mit ihrem Unternehmen nicht nur das Ruhrgebiets-Trikot an, sondern stattet komplette Teams mit Trikots in gewünschtem Design aus. Ihre Umsätze haben sich mittlerweile so gut entwickelt, dass sie Anfang 2017 beschließt, ihre Festanstellung auf Teilzeit zu reduzieren. „Den Freitag habe ich nun komplett für mein Unternehmen zur Verfügung", sagt Jenni. „Es macht schon viel aus, sich nicht nur für ein paar Stunden nach Feierabend, sondern den ganzen Tag und mit klarerem Kopf daranzusetzen."

Jennifer Letzings Tipp für Teilzeitgründer

„STARTE DEIN BUSINESS MIT ETWAS, FÜR DAS DU BRENNST! NUR WENN DU VOLLER LEIDENSCHAFT BIST, KANNST DU DICH AUCH NACH FEIERABEND DAFÜR BEGEISTERN. DU WIRST DICH STÄNDIG NEUEN HERAUSFORDERUNGEN STELLEN. SCHEUE NICHT DAVOR ZURÜCK, DENN DIESE WERDEN DICH GROSS MACHEN!“

DO
MORE.

Hochschulen/ Förder-programme

Von der Uni in den Chefsessel - oder Ideen gibt´s auch manchmal in der Mensa

Startups, Spin-offs und Wissenstransfer

Gründen aus der Hochschule

TEXT
Michael Kriegel

FOTOS
Andreas Wilke und www.unsplash.com

Die Hochschule als Sprungbrett für die Selbstständigkeit? Gründen statt forschen? Die akademische Laufbahn gegen den Chefsessel tauschen? Dass viele dieser Fragen keine Widersprüche sein müssen, zeigen Beispiele aus den Hochschulen im Ruhrgebiet. Mit einschlägigen Lehrveranstaltungen, eigenen Inkubatoren und eigens aufgelegten Förderprogrammen werden Studierende und Wissenschaftlerinnen und Wissenschaftler bei der Unternehmensgründung unterstützt. Das Thema Wissens- und Technologietransfer ist zudem ein zentrales Element der Kooperation der drei großen Hochschulen im Ruhrgebiet in der Universitätsallianz Ruhr. Mit der Ruhr-Universität Bochum, der Technischen Universität Dortmund und der Universität Duisburg-Essen bildet diese seit 2007 eine Basis für eine

strategische Zusammenarbeit. Als Mitglied im Initiativkreis Ruhr bündelt sie Kompetenzen und Ressourcen, um die Leistungs- und Wettbewerbsfähigkeit der Hochschulen in der Region zu stärken.

Unternehmerisches Denken und Handeln ist gefragt

Im Bereich der Lehre steht nicht nur für Gründungsinteressierte die sogenannte „Entrepreneurship Education" im Vordergrund, die Vermittlung von unternehmerischem Denken und Handeln. War dieses Wissen noch vor 20 Jahren meist in einem Teilbereich der BWL versteckt, gibt es mittlerweile an allen Hochschulen Qualifizierungsprogramme, entweder als fakultätsspezifische (auch curriculare) Lehrveranstaltungen oder fakultätsübergreifende, studienbegleitende Angebote. Die Themen sind breit gefächert, von der Businessplanerstellung über Ideenentwicklung, Kreativitätstechniken, Marketing, Steuern, Recht und Social Entrepreneurship bis zu Planspielen ist vieles dabei. Auch Studierende, die für ihre berufliche Laufbahn ein Angestelltenverhältnis anstreben, profitieren von der Denkweise. Intrapreneurship ist ein zentrales Thema in vielen Unternehmen und bildet eine Voraussetzung für eine erfolgreiche Projektarbeit.

Forschungsbasierte Ausgründungen können finanziell gefördert werden

Nicht nur die Sensibilisierung für das Thema Entrepreneurship ist für die Hochschulen relevant, sondern auch die Förderung forschungsbasierter Ausgründungen. Dieser wirtschaftliche Transfer aus den Hochschulen wird durch Programme wie EXIST vom Bundeswirtschaftsministerium unterstützt. Das EXIST-Gründerstipendium und EXIST-Forschungstransfer dienen als Sprungbrett für innovative und forschungsbasierte Gründungen aus dem akademischen Umfeld. Gründerinnen und Gründer können sich mit einer innovativen Idee, wissenschaftlichen Mentoren und einem überzeugenden Team für ein Stipendium bewerben, das für einen Zeitraum von einem Jahr (EXIST-Gründerstipendium) bis 18 Monaten (je Förderphase EXIST-Forschungstransfer) den Lebensunterhalt sowie Sachausgaben decken soll.

Auch die Hochschulen können sich regelmäßig um Förderungen bewerben, um die Infrastrukturen im Gründungsbereich zu stärken. Der TU Dortmund brachte ihr tu>startup-Konzept im Jahre 2012 den Titel „Gründerhochschule“ und eine 3,6 Millionen Euro schwere Förderung bis 2016 ein. Die Schaffung eines Ökosystems für Entrepreneurship sowie die Vernetzung mit weiteren Institutionen wie der Stadt oder Technologiezentren war bei dem Konzept zentraler Bestandteil und soll nach dem Ende des Förderzeitraums über die gegründete tu>startup-Stiftung für nachhaltige Strukturen sorgen.

Sebastian Hanny ist einer der erfahrensten Gründungsberater an deutschen Hochschulen. In Kooperation mit dem Lehrstuhl für ökonomische Bildung werden an der TU Dortmund die Angebote konzertiert. Hanny ist einer von

zwei Geschäftsführern des Centrums für Entrepreneurship & Transfer (CET). Das CET ist eine zentrale Serviceeinrichtung der TU Dortmund, deren Fokus auf der gezielten Startup-Förderung, der Betreuung von Erfindungen und Patenten der TU Dortmund und der Begleitung junger technologie- und wissensbasierter Unternehmen liegt. Point 8, Neues Schwarz oder Smart Robotic Systems sind nur einige der Teams, die von der TU Dortmund unterstützt wurden.

Neben der Teilnahme an Gründungsveranstaltungen bietet das CET umfassende Unterstützungsangebote in den vier zentralen Bereichen Forschung, Qualifizierung, Beratung sowie Schutzrechte und Transfer an. Diese beinhalten beispielsweise die Durchführung von Summer Schools und Workshops, die Konzeption von Innovationslaboren, die Begleitung und Beantragung von Fördermitteln wie z. B. das EXIST-Gründerstipendium und das Sichern und die Verwertung von Erfindungen und Patenten der TU Dortmund. Die Angebote umfassen Lehrveranstaltungen, eine Summer School und den tu>startupaward, für den sich Hochschulangehörige und Alumni bewerben können.

Die Ruhrgebietshochschulen punkten mit innovativen Programmen und starken Netzwerken

Räumlich angesiedelt an der TU Dortmund ist zudem das Informationszentrum Technik und Patente, das mit seinen Rechercheangeboten hinsichtlich gewerblicher Schutzrechte, Patente und Marken zugänglich für jedermann ist, einschließlich einer wöchentlichen kostenfreien Erstberatung.

Das Technologiezentrum Dortmund liegt ebenfalls nur einen Steinwurf von der TU Dortmund entfernt. Es bietet technologieorientierten Unternehmen und Existenzgründungen ein umfassendes Dienstleistungs- und Unterstützungsangebot für die Umsetzung Ihrer Geschäftsidee. Dazu zählen neben Büroflächen und Messebeteiligungen auch die Gründungsberatung, Unterstützung bei der Kapitalakquise und die Beantragung von Förderprojekten. Zudem gibt es spezifische Ableger wie das Biomedizinzentrum oder die MST Factory, die einen thematischen Fokus auf Mikro- und Nanotechnologie legt. Ein reger Austausch mit den anderen Institutionen der Stadt wird durch eine Beteiligung des TZDO an der tu>startup-Stiftung oder durch die Inkubation von start2grow-Teams im Technologiezentrum oder einem seiner angegliederten Zentren deutlich.

Das Gründungskonzept der Ruhr Universität Bochum besteht ebenfalls aus mehreren Säulen, nämlich Entrepreneurship, Practice und Transfer. Worldfactory nennt sich das Projekt seit 2015, in dessen Rahmen zukunftsweisende Ideen aus der Hochschule entwickelt werden.
Die Entrepreneurship-Qualifizierung soll in Bochum möglichst früh beginnen und ist fakultätsübergreifend und offen für alle Studierende. Ziel ist die Vermittlung unternehmerischen Denkens und Handelns unter Mitwirkung von Wissenschaftlern und Praktikern. Konkrete Projektideen können erarbeitet, umgesetzt und präsentiert werden. Räumlich ist das Universitätsforum UFO mit seinen Coworking- und Team-Spaces die Keimzelle des Projektes. Hier finden auch Veranstaltungen wie Founder-Slams oder Pitch-Events statt. Zweimal pro Woche gibt es zudem eine offene Gründerberatung und sogar eine studentische Gründerberatung hat sich entwickelt. Mit Jump on Ruhr geben Studierende ihr Entrepreneurship-Wissen an Kommilitonen weiter.

Als Transferelement fungiert das außeruniversitäre Bochumer Institut für Technologie gGmbH (BO-I-T). Es ist Teil des Worldfactory-Konzepts und soll wissenschaftliche Forschungsergebnisse am Standort zur wirtschaftlichen Umsetzung bringen.

Lehre und Forschung werden durch praxisrelevante Angebote ergänzt

An der Universität Duisburg-Essen wird die Gründungsunterstützung im IDE gebündelt, dem Kompetenzzentrum für Innovation und Unternehmensgründung. Ob Hightech-Produkt oder soziales Projekt – Ziel des Zentrums ist die sichtbare und nachhaltige Förderung von Innovationen und Ausgründungen aus der Hochschule. Das IDE fördert und unterstützt aktiv die Entwicklung und Umsetzung von Produktideen und Geschäftskonzepten aus der Universität Duisburg-Essen.

Die Grundlage im Lehrbereich ist neben dem sbm Programm seit dem Wintersemester 2017/2018 der bundesweit einzigartige Master-Studiengang Innopreneurship. Das IDE legt Wert auf eine Verbindung „klassischer“ Unternehmensförderung, etwa von Forschungsergebnissen aus ingenieur- und naturwissenschaftlichen Fakultäten, mit neuartigen Ansätzen, etwa aus dem Kreativbereich. „Unsere InnovationsFabrik ist das beste Beispiel. Hier werden designbasierte Methoden und Ansätze benutzt, um Ideen zu generieren, weiterzuentwickeln und bis zum Geschäftsmodell auszubauen“, sagt Professor Volker Breithecker, der Leiter des IDE.
Das InnovationsFabrik-Konzept verknüpft Forschungsergebnisse bzw. studentische Ideen mit designbasierten Methoden, um daraus Innovationen zu entwickeln. Hierbei sind die InnovationsWerkstätten das Format, um diese Ideen zu generieren. Dabei helfen Industriedesigner mit ihrer Methodenkompetenz bei der „Übersetzung“ von Wissen in innovative Produktideen und Geschäftskonzepte.

NEMOS ist eine der Ausgründungen aus der Universität Duisburg-Essen. Das Unternehmen entwickelt ein innovatives System zur Stromerzeugung aus Meereswellen, das auf neuen Forschungserkenntnissen basiert.

Und was tut sich im Bereich der privaten Fachhochschulen? Das Entrepreneurship Center Witten ist im Forschungszentrum der Privatuniversität Witten-Herdecke angesiedelt und als gemeinnützige GmbH organisiert. Die Universität fungiert als Gesellschafter und bietet den Zugang zum Uninetzwerk mitsamt Forschern, Studierenden und Alumni. Das EZW ist aber nicht nur im Wittener Uni-Umfeld

aktiv, sondern offen für alle Hochschul-Gründer aus dem Ruhrgebiet, die ihre Ideen mit der bestmöglichen Unterstützung verwirklichen möchten. Mit Beratung, Mentoring, Büroräumen und Workshops schafft das EZW hier Angebote speziell für die Pre-Seed- und Seed-Phase.

An der Fachhochschule Dortmund bündelt die Transferstelle das Thema Gründung. Die FH ist hier in mehrere regionale Netzwerke eingebunden und bietet entsprechende Unterstützung für Studierende, Absolventen, Wissenschaftler und Alumni aller acht Fachbereiche. Neben der Einbindung in regionale Gründungsunterstützungs-Netzwerke ist besonders die fachliche Kompetenz der Hochschullehrer von Vorteil. So können beispielsweise Geschäftsideen zum Thema Internet oder auch soziale Innovationen ebenso auf ihre Marktchancen wie eine neue Produktidee auf ihre technische Machbarkeit abgeklopft werden. Eine Ausgründung der FH Dortmund ist etwa Covibo, ein Team, das ein System für ein selbstständiges, längeres Wohnen im Alter entwickelt hat und auch zu den start2grow-Preisträgern zählt. Auch petsinboxes (siehe eigene Story) stammt aus der FH Dortmund.

Ein Sensibilisierungs-Projekt in der Emscher-Lippe-Region richtet sich an Studierende verschiedener Hochschulen. Die Studierenden der Region sollen durch verschiedene Angebote,

Veranstaltungen und Öffentlichkeitsarbeit auf die Möglichkeit einer Unternehmensgründung als berufliche Alternative aufmerksam gemacht werden. Dafür werden unter dem Label StarterCampus Angebote umgesetzt, welche von der Ideenfindung und Kreativitätsförderung hin zu der Begleitung bei innovativen und wissensbasierten Ideen führen. Die Formate reichen von kleinen Workshops über Summer Schools bis hin zu Abendveranstaltungen.

Studierende entwickeln Ideen und verbessern dabei die Welt

Bei der Umsetzung innovativer Lehrkonzepte vernetzen sich die Hochschulen auch immer häufiger überregional. So ist etwa die Universität Duisburg-Essen Hochschul-Partner im yooweedoo-Netzwerk. yooweedoo ist als Ideenwettbewerb an der Universität Kiel gestartet. Das Ziel ist Empowerment für eine nachhaltige Entwicklung. Möglichst viele junge Menschen sollen lernen, wie sie die Welt mit eigenen Projekten verändern können. Das yooweedoo Lernprogramm, das auch einen Changemaker MOOC beinhaltet, zeigt, wie man ein eigenes Changeprojekt Schritt für Schritt professionell plant. Das Programm macht mit Strategien von Social Entrepreneurship vertraut und zeigt, wie man gesellschaftliche Herausforderungen mit unternehmerischen Ansätzen lösen kann.

Ähnliche Ansätze verfolgt auch das 2018 im Ruhrgebiet startende 5 Euro StartUp, ein Projekt, das aus Kanada stammt und bereits an Hochschulen in München, Saarbrücken und Kassel durchgeführt wird. Eigene Ideen mit viel Unterstützung und wenig Risiko zu verwirklichen, lautet hier das Motto. Ziel ist es, mit 5 Euro Startkapital in kürzester Zeit ein eigenes Unternehmen zu gründen und am Markt zu testen. Dabei werden die Teilnehmerinnen und Teilnehmer bei Ideenfindung und Teambildung unterstützt und während der Praxisphase von Startup-Coaches begleitet.

Die Hochschulen im Ruhrgebiet bieten mit ihren Lehrprogrammen, Unterstützungsangeboten und Initiativen also alles in allem ein hervorragendes Ökosystem für Startups, studentische Gründungen und wissenschaftsbasierte Spin-offs.

Also – einschreiben und loslegen!

petsinboxes: Wie aus einer Studienarbeit eine Geschäftsidee entsteht

TEXT
Carmen Radeck

FOTOS
petsinboxes

Terence und Buddy sind zwei sehr anspruchsvolle Mitbewohner im Hause Böhning. Mit langweiligen Kratzbäumen können die beiden Britisch Kurzhaar-Kater jedenfalls nicht viel anfangen. Nach draußen in die Natur zu gehen, ist allerdings auch nicht ihr Ding. „Sie lieben es, am Fenster zu sitzen und in den Garten zu schauen“, sagt Nathalie Böhning, „bleiben aber lieber im Haus.“ Um ihren beiden Lieblingen auch in der Wohnung die Möglichkeit zu bieten, täglich neu auf Entdeckungstour zu gehen, hat die Designstudentin mit petsinboxes ein innovatives Möbelsystem entwickelt, das sowohl Katzen als auch ihren Besitzern Spaß macht. Denn im Gegensatz zu den wenig dekorativen Kratzbäumen stimmt bei petsinboxes auch das Design.

Erlebnismöbel für anspruchsvolle Katzen und ihre Besitzer

„Mir war es wichtig, ein Systemmöbel zu entwickeln, das alle Hauptsinne der Katze anregt, sich gleichzeitig aber auch modern und stylisch in den Wohnraum einfügt.“ Die Basiselemente von petsinboxes sind sechseckige Boxen, Buddys genannt, die mit austauschbaren Einlegeböden ausgestattet werden, beispielsweise mit Kork, Sisal, Leder oder Kunstfell. Diese werden mit Druckknöpfen in den Buddys befestigt. „Katzen suchen zum Schlafen meistens dieselben vertrauten Plätze auf, möchten beim Spielen aber auch immer etwas Neues entdecken. Dadurch kam mir die Idee, die Buddys mit einem austauschbaren Sinnespfad auszustatten.“

Boxen als Basiselemente zu verwenden, mit diesem Gedanken spielte Nathalie schon eine Weile, denn Buddy und Terence sind – wie viele Katzen – ganz verrückt danach, in leere Pappkartons zu klettern. Die Gelegenheit, sich intensiver mit dem Gedanken zu beschäftigen, kam, als Nathalie für eine Studienarbeit in Objekt- und Raumdesign an der FH Dortmund ein Produkt entwickeln sollte. Dafür experimentierte die 25-Jährige einige Monate nicht nur mit verschiedenen Größen und Formen der Buddys – von anfänglich rechteckig bis schließlich zum Hexagon –, auch die Materialien mussten bestimmten Ansprüchen genügen. Vor allem bei der Auswahl der Hölzer stand Nathalie ihre Mutter Carmen, die selbst Kunst- und Designobjekte aus Holz fertigt, mit ihrem Wissen zur Seite.

Gut zu verarbeiten und vor allem langlebig, robust und bezahlbar waren wichtige Kriterien bei der Holzauswahl. Neben hochwertigen MDF-Holzfaserplatten entdeckten Nathalie und Carmen asiatisches Paulowniaholz als ideales Massivholz für Katzenmöbel: „Es ist keimresistent, wasserabweisend, wächst schnell, ist leicht, aber fest wie Eiche", sagt Carmen. Der Clou: Kratzer lassen sich einfach ausbügeln. Für die farbliche Gestaltung setzen die beiden auf tier- und umweltfreundliche Naturlacke. Was den Spaß- und Erlebnisfaktor des Innenlebens der Boxen betrifft, da vertraut Nathalie komplett auf das Urteil von Buddy und Terence: „Wenn etwas beiden nicht gefällt, dann fliegt es raus."

Aus der Studienarbeit wird eine Geschäftsidee

Das Ergebnis ihrer Studienarbeit gefiel nicht nur ihren beiden Stubentigern. Bei der öffentlichen Designausstellung „PODEST" an der FH Dortmund stießen ihre Möbel sofort auf Interesse potenzieller Kunden, also Katzenbesitzern. So entwickelte sich aus dem Studienprojekt die Geschäftsidee zu petsinboxes. Einige ihrer Kommilitonen halfen Nathalie, eine Website zu bauen und verwandelten an einem Tag das Haus ihrer Mutter in ein Fotostudio, um erste Produktfotos zu schießen. Für die Herstellung der Buddys fand Nathalie in einer Schreinerin eine Kooperationspartnerin. Als erste Ausstellungsfläche vor dem Weihnachtsgeschäft mieteten Nathalie und ihre Mutter einen Pop-up-Shop in einem Dortmunder Design- und Lifestyle-Kaufhaus. Der

hat nicht nur erste Kunden und die Presse angelockt, sondern auch Designexperten hellhörig gemacht. Das brachte Nathalie und Carmen eine Nominierung für den German Design Award 2018 ein.

Inzwischen können Katzenliebhaber ihre individuelle Buddy-Kombination im Onlineshop auf der Website von petsinboxes bestellen. Mit einem Möbel-Konfigurator, dem „Buddybuilder", kann sich jeder die Buddys nach dem eigenen Geschmack und natürlich nach den Bedürfnissen und Vorlieben der Katze zusammenstellen. Ideen für neue Produkte hat Nathalie auch schon: „In Zukunft möchte ich auch Produkte für andere Tierarten entwerfen." Ihr Label heißt schließlich nicht „cats" sondern petsinboxes.

vialty: In virtuellen Welten real erfolgreich

TEXT
Lothar Hausmann und Carmen Radeck

FOTOS
Wirtschaftsförderung Dortmund

Da strahlt er nun, der neue Stern am deutschen VR-Himmel: Markus Rall, Chef des Dortmunder Startups viality, smarter Mittdreißiger, schwarzes Hemd, schwarze Kombi, rot-weiße Designer-Sneaker. Mit einladendem Lächeln führt er uns in sein Büro, das mit großen Monitoren, Minikühlschrank in Retro-Style und allerlei Technik vollgestopft ist. Ganz real. Ganz normal? Nicht ganz: An der Decke hängen in den Ecken kleine schwarze Kameras, auf der Fensterbank liegen ein paar Brillen-Modelle. Willkommen in der Virtual Reality.

Wie kommt einer, der IT, Design und Architektur studiert hat, dazu, sich mit Leidenschaft und unternehmerischem Kalkül in künstlichen Welten zu bewegen? Ein Gamer sei er nie gewesen, betont Markus, allenfalls habe er mal eine Runde Tetris gezockt und aus purer Neugier eine Netzwerkparty besucht. Aber die Erweiterung räumlichen Sehens, das habe ihn bereits mit 15 fasziniert. Als Schülerpraktikant experimentierte er mit QuickTime VR und einer alten Apple Digitalkamera. Bald schon weiß er Panoramen einzubinden. Seine erste große Investition: eine VR-Brille, finanziert durchs Zeitung austragen. Damit ist der 16-Jährige seinen Altersgenossen weit voraus. Zehn Jahre später bekommt Markus Rall 2008 in der Mensa der TU Dortmund einen Flyer in die Hand. Im Ideenwettbewerb G-Dur suchen das Gründungsnetzwerk Dortmunder Hochschulen und das dortmund-project Leute mit neuen Produkten oder Dienstleistungen. Ermuntert vom positiven Feedback zu seiner Geschäftsidee startet er gleich durch zum Gründungswettbewerb start2grow. Mit Erfolg: Gemeinsam mit Freund Benjamin Schulz erobert er auf Anhieb den 2. Platz.

Mit Plan und Preisgeld voll ins Risiko

„start2grow hat uns gleich einen Boost gegeben“, erinnert sich Markus heute noch dankbar an die Starthilfe. „Man hat sich dann mal interessiert, wie

Markus Ralls Tipp für Gründer

„MUTIG SEIN, DURCHAUS AUCH MAL WAS WAGEN UND EIN JAHR SCHWARZBROT ESSEN, DANN KANN DAS SCHON FUNKTIONIEREN.“

denn so ein Unternehmen funktioniert, die ganzen Sachen, von denen man eigentlich keine Ahnung hat und man dann gezwungen wurde, sich damit zu beschäftigen. Auch wenn man nicht wirklich Spaß daran hatte und sich der ursprünglich eingereichte Businessplan jedes halbe Jahr geändert hat." Mit 15.000 Euro Preisgeld und zwei Notebooks gründen beide noch aus dem Studium heraus ihr Startup viality. „2008/2009 lief das alles noch drüben bei Prof. Guthoff als Forschungsprojekt an der Fachhochschule Dortmund", sagt Markus. „Unsere Aufgabe: das gesamte Ruhrgebiet fotometrisch abzubilden. Wir haben das dann mit Bing Division realisiert, aus Schrägbildern von der Überfliegung. Daraus konnte man dann ein 3D-Modell generieren."

Aus Ideen wurden Geschäftsmodelle

Ihre ersten Aufträge waren Animationsfilme und interaktive 3D-Modelle. Anfangs mussten sie auch andere Jobs machen wie Auftragsentwicklung oder Rendering, einfach um Geld zu verdienen und über die Runden zu kommen. „Ein Nine-to-five-Job ist so ein Startup sicher nicht, das weiß man aber vorher. Wenn man etwas aufbauen will, muss man auch richtig Gas geben, sonst funktioniert das nicht. Aber dafür mache ich hier etwas, worauf ich richtig Bock habe." Markus

hat seine Gründung noch keinen Tag bereut. „Inzwischen sind wir aus der Startup-Phase herausgewachsen, aber wir agieren in vielen Bereichen noch so. Immer noch entscheiden wir zu switchen oder einen ganz anderen Weg zu gehen. „Auch bei einer Ausgründung, wenn wir erkennen, da ist ein Thema so stark, da machen wir jetzt ein Produkt daraus, statt es sterben zu lassen."

Mit Rentnerbrille fliegen lernen

Seine eigentliche Leidenschaft gehört aber der virtuellen Realität. Hier entsteht gerade erst der Markt, hier gibt es Nischen auch für kleinere Firmen und Existenzgründer, die Content und Hardware entwickeln. „Der Content kann über 3D-Modelle erzeugt werden, die heute von Engines immer schneller dargestellt werden. Zudem gibt es die Möglichkeit, filmtechnisch annähernd automatisiert heranzugehen, und vieles fotografisch erlebbar zu machen." Im letzten Jahr haben sie in Neuseeland, Kanada, Island und in asiatischen Metropolen gefilmt und daraus Weltreisen gemacht, die sie in Alters- und Pflegeheimen zeigen. „Jetzt sind wir gerade dabei, eine Rentnerbrille zu bauen – mit Touchmenü, ganz leicht." Die hohe Akzeptanz der Technik bei Senioren erstaunt ihn wenig: „Es ist einfach ein tolles Erlebnis, mal unter einem Wasserfall in Island zu stehen und über die Chinesische Mauer zu laufen, wenn man im Rollstuhl sitzt. Oder wenn man sich im Alter noch an gefährlichen Orten ausprobieren kann, zum Beispiel aus der Stratosphäre springen kann oder die Tour de France mitfahren kann. Es muss nicht immer die Bank im Rombergpark sein."

Kamen 360 Grad-Videos bisher vorwiegend im Marketing zum Einsatz, etwa um Gebäude schon in der Bauphase zu vermarkten, nutzen nun immer mehr Unternehmen die Möglichkeit, von Beginn des Produktionsprozesses an dreidimensional zu arbeiten und Abstimmungen, etwa zwischen Industriedesignern und Ingenieuren, gleich an 3D-Modellen zu betrachten. Auch Reisekosten lassen sich so sparen: „Man setzt die Brille auf, ist sofort connected und kann den Produktionsfortschritt live beurteilen – so, als ob man direkt vor Ort wäre", erläutert Markus. „Das schafft zusätzlich Vertrauen und Transparenz. Man weiß ja sonst oft gar nicht, ob es in Indien oder in China überhaupt die Halle gibt oder auch die Firma, die da produziert."

Neben Auftraggebern wie BMW hat viality Kunden weltweit, ob in Paris oder Kalifornien. Die meisten nutzen ganz gezielt VR: „Inzwischen arbeiten wir für Bootsbauer, die auf der Messe gar keine Yacht mehr ausstellen, sondern die Besucher in einem Green Room ihre Yachten nur noch virtuell begehen lassen. Wenn man sich hier bücken muss, um in die Eigner-Suite zu kommen, weiß ich, da stimmt was nicht. Da wurde irgendeine Höhenquote vielleicht falsch gelesen. Der Fehler ist auf alle Fälle günstiger zu beheben, als wenn man die Yacht noch einmal auseinanderschweißen und die 30 cm dann dazwischen packen muss", erläutert Markus die Vorzüge. Dem gleichen Trend folgt auch die Automobil-Branche: in kleinen Showrooms ist heute jedes neue Fahrzeug komplett konfigurierbar.

Visionen vom Visualisieren

Markus zeigt auf die Decke seines Büros, wo in den Ecken kleine schwarze Boxen angebracht sind: „Hier sind fünf Kameras drin, die live 3D-Modelle von diesem Raum erstellen. Richtig spannend wird's, wenn wir nicht nur ein Holodeck aufbauen, sondern dich auch teleportieren. Im Holodeck, egal ob Fahrzeug, Gebäude oder Ähnliches, kann ich mich frei bewegen, hineinsetzen, interagieren. Auch die Tasse mit dem Controller greifen, woanders absetzen und so weiter." Teleportieren bedeutet, dass man sich virtuell sogar zu einem anderen Ort begeben kann. Überall dort, wo sich der Operator mit der Kamera gerade aufhält, kann man sich live dazuschalten. Das ist fast überall möglich – außer in Deutschland. Hier fehlen noch die Bandbreiten.

Einsatzchancen bieten die Immobilienwirtschaft und die Automobilindustrie, teilweise auch der Zulieferer-Bereich. Luftfahrt, Robotik, Anlagenbau und Logistik sind weitere Einsatzfelder.

Nachdem VR aus den Forschungslabors jetzt vermehrt auf die Messestände drängt, wird es nicht mehr lange dauern, bis sie auch Eingang in die industrielle Fertigung finden, glaubt Markus. Das sei so ähnlich wie mit den

Apps: „VR- und auch AR-Brillen werden noch leichter und alltagstauglicher. Zurzeit ist die Nutzungsdauer auf vier Stunden begrenzt, aber auch bei Smartphones hielt die erste Gerätegeneration nicht sehr lange durch." Markus' Vision: „In Zukunft brauchen wir nur noch ein Prisma vor Augen, ähnlich einer leichten Sonnenbrille, und die Rechenleistung kommt vom Smartphone, das ohnehin jeder mit sich führt. Alle, die heute schon einen Helm tragen, etwa Feuerwehr oder Rettungskräfte, bekommen hier dreidimensional weitere Informationen eingespielt."

Kontakte und Netzwerke – das A und O erfolgreicher Startups

Seit ihrer Teilnahme beim Gründungswettbewerb start2grow sei technisch enorm viel passiert, sagt Markus. „Man hat zwar schon einiges geahnt, aber wo und in welchen Branchen Virtual

Reality später einsetzbar ist, war noch nicht absehbar. Für uns war es wichtig, uns über start2grow, den Campus und verschiedene Netzwerke wie etwa KOSIM (kompetenzNetz simulation dortmund) auszutauschen. Erste Kontakte knüpfte Markus als Teilnehmer im Innovationslabor, einem Projekt der Wirtschaftsförderung Dortmund. Im Folgejahr war er dann schon Mentor. „Das half dabei, unser Geschäftsmodell permanent zu überprüfen."

Kontakte, so weiß Seriengründer Markus, sind das Salz in der Suppe erfolgreicher Startups. Er selbst nimmt, so es seine Zeit erlaubt, bis heute Veranstaltungen der Wirtschaftsförderung wahr. „Netzwerke wachsen ja nach und nach, das geht nicht im Hauruck-Verfahren. Auf dem 3rd Wednesday etwa begegnet man sich immer mal wieder, und im zweiten oder dritten Anlauf stellt man vielleicht fest, jene Idee ist interessant oder jener könnte vielleicht Kooperationspartner werden. Nicht jede gute Idee kann oder will ich umsetzen, aber sie könnte vielleicht eine Komponente zum Gelingen beisteuern. Zum Beispiel haben wir beim 360 Grad-Filmen Systeme, Tools und Workflows entwickelt, die andere nutzen können. Wir selbst brauchen eine gewisse Fokussierung, die ich für uns bei Themen rund um Industrie 4.0 sehe." Auch die Gründung des Deutschen Instituts für Virtuelle Realität (dvir.de) ist so ein Netzwerk. Mit ihm erreicht Markus Leute, die nicht unbedingt aus VR-affinen Bereichen wie Informatik oder Maschinenbau kommen, die zum Beispiel Neurologen, Storyteller, Soziologen oder Theaterwissenschaftler sind. Mit diesem „bunten Haufen", so Markus, habe man von Dresden bis Wien schon ein paar Adventures, Summits und Hackathons aufgebaut. Im Schnitt 30 bis 50 Interessierte nutzen auf den Veranstaltungen die Chance, VR mal selbst auszuprobieren. Selbst ein Staatssekretär aus dem BMWi wurde dort schon als Teilnehmer gesichtet.

Ausblick ins Virtuelle

Zurzeit kümmern sich Benjamin und Markus mit einem Team von 15 Mitarbeitern um den Full-Service ihrer Kunden. Der reicht inzwischen in der Content-Produktion vom Konzept bis zur Umsetzung, der Überlassung von Hardware bis hin zu deren Support. Darüber hinaus schreiben sie auch eigene Software, entwickeln eigene Games und virtuelle Produkte. Gerade sind sie in neue, größere Räume nahe des Campus der TU Dortmund gezogen, um das noch auf mehrere Standorte verteilte Team beisammenzuhaben. Ihr strategisches Ziel: bei großen Herstellern und OEMs mit eigener Software und Lizenzen Fuß zu fassen. „Da haben wir durchaus einen technologischen Vorsprung, den wir nutzen wollen", sagt Markus selbstbewusst. Bis dahin wollen sie auch das Ruhrgebiet für virtuelle Realität begeistern. Als nächstes plant viality ein Holo-Café in Dortmund, in dem Interessierte an sechs Vives (VR-Brillen) die Technik ausprobieren können. Das funktioniert schon gut an anderen Orten: in Hamburg, in den Niederlanden, und in China an jeder Straßenecke. „Für uns ist das eine Art erweiterter Showroom. Wir haben einige Games entwickelt, die wir dann im Lizenzmodell abgeben und ein Franchise-System aufbauen können." Ein nächster Schritt, um in virtuellen Welten real erfolgreich zu werden.

Social Entrepreneurship

Wie man mit Startup Mentalität die Gesellschaft verändert

Gesellschaftliche Herausforderungen unternehmerisch lösen

TEXT Michael Kriegel

FOTO Anne Doerner

Anne Doerner kommt entspannt zum Gespräch ins Café Barer 61 in der Münchner Maxvorstadt, obwohl ihr Terminplan voll ist mit Coachings, Veranstaltungen und dem Aufbau von Qualifizierungsprogrammen. Das Thema Social Entrepreneurship – der Ansatz, in unternehmerischer Weise soziale Probleme im Fokus der Öffentlichkeit zu lösen – ist wichtig. Die Zahl der Akteure ist noch übersichtlich, die Social Impact Labs und die Social Entrepreneurship Akademie gehören zu den bekanntesten. Seit 2017 gibt es zudem den Verein Social Entrepreneurship Netzwerk Deutschland e.V., eine Initiative, die das Thema stärker auf politischer Ebene verankern will. Wettbewerbe wie Act for Impact oder Yooweedoo sowie internationale Qualifizierungsprogramme wie die Global Entrepreneurship Summer School oder Changemaker richten sich an junge Leute mit guten Ideen. Ideen wie Tausche Bildung für Wohnen in Duisburg-Marxloh, ein Projekt, bei dem sozial engagierten Mitbürgern kostenloser Wohnraum in einer Immobilie zur Verfügung gestellt wird. Im Gegenzug betreuen diese nach einer Qualifizierung benachteiligte Kinder des Stadtteils.

Darüber, wie man das Thema Social Entrepreneurship noch breiter verankern kann, sprachen wir mit Anne Doerner, die bei der Social Entrepreneurship Akademie den Bereich Gründungsförderung leitet.

Anne, was bedeutet Social Entrepreneurship?

Anne: *Gute Frage. Und eine, die ich schon fast nicht mehr hören kann. Aber ich wage den Versuch der Einordnung. Bei Social Entrepreneurship geht es darum, gesellschaftlichen Herausforderungen mit unternehmerischem Denken und Handeln zu begegnen. Im Fokus steht dabei die Wirkung, nicht das Geld. Geld ist wichtig, aber nur als Mittel, um eine nachhaltige Wirkung zu erzielen.*
Die Bandbreite von Social Entrepreneurship ist riesig. Genau genommen ist alles, was nicht 100% Non-Profit oder For-Profit ist, sozial-unternehmerisch. Ein neuerer Begriff ist auch Responsible Entrepreneurship. Wie grenzt man das dann genau ab? Müßig.
Ein Social Enterprise kann also profitorientiert sein, muss aber nicht. Die Frage ist, wofür der erzielte Gewinn verwendet wird. Wenn überhaupt einer erzielt wird. Was zählt ist, dass so viel Geld „erwirtschaftet" wird, dass die Sache, die Idee, nachhaltig fortgeführt werden kann und somit den Aufbau stabiler Strukturen erlaubt. Egal von welcher Seite sie kommen. Auch bestehende, reine For-Profit-Unternehmen können sich wertvoll und sinnstiftend gesellschaftlich einbringen, indem sie sozusagen „nachträglich" stichhaltige, glaubwürdige CSR-Programme in ihr Kerngeschäft implementieren. Die sogenannten B-Corporations sind hier die Paradebeispiele. Wer allerdings von Null anfangen kann, ist klar im Vorteil: Polarstern etwa, ein Unternehmen, das die Verbreitung der Nutzung regenerativer Energien vorantreibt, ist ein klassischer Energieanbieter und als GmbH organisiert. Es unterscheidet sich von seinen Wettbewerbern durch seine Haltung, seine Vision und seine Wirkungsorientierung, was sich in den vielfältigen Aktivitäten und dem Engagement z. B. in Kambodscha niederschlägt. Für mich zweifelsfrei ein Social Enterprise. Alles andere ist in meinen Augen eine akademische Diskussion: Social Entrepreneurship, Soziale Innovationen, CSR, Sozialunternehmertum. Die Festlegung auf Begrifflichkeiten oder Definitionen greift in der Regel zu kurz und wem hilft sie? Eine Studie aus den Nullerjahren ist für mich immer ein schönes Beispiel. Von einer Forschungsgruppe wurden 2500 Sozialunternehmer identifiziert und interviewt und die Mehrheit der Befragten wunderte sich und fand sich in der Einordnung nicht wieder. Für sie war das keine Frage.

Sind Sozialunternehmer altruistisch?

Anne: *Ganz sicher irgendwo im Kern bedingt ein wenig vielleicht. Sie sind vor allem verantwortungsbewusst und engagiert. Sie haben ein Anliegen. Sie helfen Mensch und Natur in der Regel nicht mit einer Gewinnerzielungsabsicht* *für sich, sondern für die Sache. Und das ist gut so, denn sie brauchen das Geld, um ihr Thema voranzubringen.*

Seit einigen Jahren redet alle Welt von Sozialer Innovation. Tragen Social Entrepreneurs zur Etablierung Sozialer Innovationen bei?

Anne: *Social Entrepreneurship ist für mich zunächst völlig unabhängig von der Entstehung sozialer Innovationen. Oftmals sind es bestehende Ansätze, die, an neuen Standorten umgesetzt, einen wesentlichen Hebel bekommen. Das ist grundsätzlich erst einmal nicht innovativ, weil ja schon bekannt, und doch für den neuen Standort eventuell eine entscheidende und positive Veränderung. Was zählt, ist die Wirkung, nicht der „Neuigkeitsgrad".*

Ich gebe Dir ein Beispiel: Ende der 1980er Jahre wurde in Berlin ein innovatives (?) wirksames (!) Konzept für Demenz-WGs entwickelt, aufgesetzt und vorangetrieben. In Bayern wurde dieser Ansatz Anfang der 2000er Jahre übernommen und auf die lokalen Gegebenheiten nach etlichen Hürden aber mit großem Erfolg übertragen. Inzwischen hatte das Thema auch wegen der raumgreifenden Diskussion um den demografischen Wandel mehr Aufmerksamkeit erfahren und man stellte plötzlich fest, dass nicht nur Demenzkranke, sondern vor allem ihre Angehörigen und ebenso die Pflegekräfte von diesem Modell profitieren. Das fühlte sich dann wie ein erster Schritt in Richtung Soziale Innovation (für Bayern) an, obwohl sich eigentlich nur die Wahrnehmung und die Sicht auf die Dinge erweitert hatte. Fragt man die beteiligten Organisationen, im Übrigen ein Netzwerk aus Vereinen und Personengesellschaften, öffentlichen Trägern und Gemeinden, ob sie diese Innovation zum Ziel hatten, das schauen sie eher ratlos und kümmern sich wieder um ihre Leute. Du siehst, es ist müßig. Und das ist vielleicht eine soziale Innovation, das ist das zunehmende „Denken in Ökosystemen". Das Beispiel oben veranschaulicht, wie ein Konglomerat von unabhängigen Organisationen und Unternehmen sich gemeinsam der Herausforderung der Alterung der Bevölkerung stellt. Die Konsequenzen der absehbar dramatisch steigenden Zahl von Alzheimer-oder Demenzerkrankungen werden nämlich von den Kommunen und Kassen allein nicht mehr zu stemmen sein. Und was sie zusammenbringt und so erfolgreich macht, ist das Thema, ihr Anliegen.

Warum taucht dieses Thema gerade jetzt auf?

Anne: *Aktivität entsteht oftmals aus Leidensdruck. Deutschland geht es vergleichsweise gut, doch Globalisierung, Klimawandel, Finanzkrisen, Migration* *und Co. liefern auch hierzulande inzwischen hinreichend Anlass zum Nachdenken. Der Staat zieht sich mehr und mehr aus seiner sozialen Verantwortung zurück. Gleichzeitig sorgt die Digitalisierung für weitere Dynamik. Arbeit und Bildung verändern sich, werden durch das Internet orts- und zeitunabhängig. Ferne Dinge rücken näher, alles wird schneller, die Welt wird komplexer. Gefühlt ist nichts mehr sicher. Digital Natives, die Generation Y, Generation Praktikum, wie auch immer sie bezeichnet werden, stehen beispielhaft für neue Sichtweisen und liefern viele Impulse. Sie sind mit all dem groß geworden. Und sie ticken anders. Sie sind international vernetzt und tauschen sich aus. Erlebnishungrig und leistungsbereit stellen sie die Welt infrage und suchen nach Lösungen für eine lebenswerte Zukunft. Und wenn sie ein Thema packt, dann packen sie es engagiert an.*

Haben Gründer diese Treiberqualitäten in sich oder kann man das lernen?

Anne: *Jein. Der Wille zum Anstoß eines Projektes kommt in der Regel aus den Personen selbst. Hochschulen und auch wir als Social Entrepreneurship Akademie können Impulse geben und Ideen und Projekte begleiten. In unseren Qualifizierungsprogrammen vermitteln wir das erforderliche Handwerkszeug, soziale Projekte erfolgreich auf- und umzusetzen. Über unsere Netzwerkarbeit bringen wir die Leute zusammen und schaffen einen interdisziplinären Austausch zu einem gemeinsamen Thema. So entstehen „Möglichkeitsräume“, in denen sich emergent Lösungen entwickeln können.*
Die Umsetzung liegt dann bei den Ideengebern und Initiatoren selber. Und da trennen sich oft die Wege. Wer ein echtes Anliegen hat, kommt meist zügig voran, bahnt sich seinen Weg, ungeachtet etwaiger Hindernisse. Wer mehr von der Lösung her denkt, muss schon mal eine Ehrenrunde in Kauf nehmen, bis das Angebot die gewünschte Wirkung entfalten kann. Weniger denken, mehr machen, einfach anfangen und sich über Experimentieren und Testen an die beste bzw. wirksamste Lösung herantasten, sind für beide die Erfolgsformeln, die langfristig nachhaltige Lösungen ermöglichen: Lean Startup für eine gute Sache.

Was braucht es?

Anne: *Ich komme noch mal zurück zu den Möglichkeitsräumen. Mit unserem Wettbewerb Act for Impact haben wir ein Ökosystem aus finanzieller Unterstützung, Beratung und extrem gut vernetzten Förderpartnern. Diese Konstellation hilft den Siegerteams, ihre Idee auf das nächste Level zu heben und eine Konstruktion zu schaffen, die nachhaltige Wirkung zu etablieren erlaubt.*

Im Ruhrgebiet gibt es ein sehr gutes Beispiel. Am Duisburger Projekt Tausche Bildung für Wohnen kann man das gut erkennen. Die Gründer sind im Ruhrgebiet groß geworden und kennen sich aus, vor allem in Marxloh. Bezahlbarer Wohnraum für Studierende ist ebenso Mangelware wie passende Bildungsangebote für Kids mit Migrationshintergrund. Was es aber gibt, sind staatliche Gelder für Bildung und Teilhabe. Doch irgendwie kamen die nur schleppend da an, wo sie gebraucht wurden. Das ist heute anders. Zusammen mit Stadt, Land und Kommunen, mit öffentlichen Trägern, den Kirchen, der Moschee und etlichen anderen gelang gemeinsam, was vorher so schwierig war. Das war kein einfacher Weg, und es gibt auch heute noch genügend Baustellen. Doch der Ansatz als solcher hat sich bewährt, und deshalb machen alle mit. Die Tauschbar ist nicht nur der Raum, in dem Nachhilfe gegeben wird. Spätestens beim Sommerfest kommt das ganze Viertel zusammen und feiert die Initiative. Die Ideen sind immer in den Leuten vor Ort.

Wo gibt es Ansätze für die Zukunft?

Anne: *In den Gründercentern der Unis und Hochschulen, den Social Impact Labs und anderen Hubs, in Coworking Spaces, am Büdchen und in der U-Bahn-Station… genau genommen überall. Menschen, denen ein Thema wichtig ist, werden sich zusammentun. Eine der coolsten Initiativen, die mir gerade noch einfällt, macht sich gerade gegen das Aussterben der öffentlichen Wohnzimmer, den Kiosken an der Ecke, stark. Das rockt!*

Was sind die Learnings?

Anne: *Schafft Raum für Begegnung, Diskussion und Entwicklung wäre mein Plädoyer! Etwa über Ansätze wie Service Learning an Hochschulen oder gezieltes Community Building durch die Wirtschaftsförderung vor Ort oder andere kommunale und / oder bürgerschaftliche Initiativen. Den Rest erledigen dann schon die Teilnehmer, denn die, die dahin kommen, sind die Richtigen… und sie bauen sich ihr Ökosystem für ihre Idee.*

Anne Doerner

Leitung Gründungsförderung
Social Entrepreneurship Akademie, München

Anne Doerner verantwortet seit 2011 die Bereiche Gründungsförderung und Corporate Social Responsibility (CSR). Die Wirtschaftsingenieurin war lange Zeit als Marketing Managerin für Siemens in internationalen Projekten tätig. 2003 lernte sie die CSR-Initiative startsocial kennen und gab seither ihr Wissen an soziale Projekte ehrenamtlich weiter. 2008 macht sie sich als Beraterin für Strategisches Marketing, Innovationskommunikation und Entrepreneurship selbständig. Neben ihrer Beratungstätigkeit setzt sie auch eigene soziale Projekte um und erprobt neue Arbeitskonzepte in sich selbstorganisierenden Netzwerken. Anne Doerner befasst sich seit langem mit den Erfolgsfaktoren von Innovationsprozessen im Social Entrepreneurship. Kontakt: anne.doerner@seakademie.de

Innovation durch mandatierte Kooperation: Kommunale Labore Sozialer Innovation

TEXT
Joachim Beyer und Jürgen Schultze

FOTOS
TU Dortmund, KoSi-Lab

Im Verbundprojekt KoSI-Lab (Kommunale Labore Sozialer Innovation) entwickeln die beiden Städte Dortmund und Wuppertal ein neues Kooperationsmodell für die Stadtgesellschaft und erproben es in einer praktischen Umsetzung mit der Fragestellung, welchen Beitrag diese Unterstützungsstruktur für die Lösung komplexer Probleme nachhaltiger Stadtentwicklung leisten kann.

Die Motivation von KoSI-Lab und der Projektrahmen

Die Motivation zur Entwicklung und Erprobung eines Labores Sozialer Innovation hat vielfältige Quellen.

— Immer wieder kommt es in den Städten zu der Situation, dass komplexe Probleme oder auch wünschenswerte Herausforderungen nicht von einer Gruppe der Stadtgesellschaft allein gelöst respektive angegangen werden können. Punktuelle Beteiligung hilft oft auch nur wenig, vielfach ist eine strukturelle Zusammenarbeit von Gruppen aus Verwaltung, Politik, Zivilgesellschaft, Wirtschaft und Wissenschaft gefordert.

— Soziale Innovation als intendierte und längerfristig angelegte Änderung von Verhaltensweisen hat sich in den letzten Jahren als eigener Innovationsansatz etabliert. Jenseits von technischen Lösungen prägen viele Konzepte und Aktivitäten die Innovationskultur in den Städten und zielen auf eine Verbesserung der Lebensqualität. Das Spektrum ist breit und reicht von Initiativen zu mehr Grün in der Stadt bis hin zum Coaching zu einem energiesparenden Verhalten.

— International gibt es viele Vorbilder. Social Innovation Labs haben ihre Praxistauglichkeit und die Leistungskraft einer Multi Stakeholder basierten Bearbeitung von „wicked problems" an vielen Stellen in Europa und der Welt erwiesen. Insbesondere internationale Vorerfahrungen mit Zentren sozialer Innovation liefern die theoretischen und methodischen Grundlagen für den Entwicklungsprozess im KoSI-Lab.

Vor diesem Hintergrund entwickelt das in der Fördermaßnahme Kommunen innovativ vom Bundesministerium für Bildung und Forschung geförderte Verbundprojekt KoSI-Lab modellhaft zwei Kommunale Labore Sozialer Innovation und erforscht in einem realexperimentellen Ansatz, welchen Beitrag kommunale SI-Labs als neue Kooperationsmodelle und Unterstützungsinfrastrukturen zwischen Verwaltung und Zivilgesellschaft leisten können.

Mit dieser je neuen intermediären Struktur auf jeweils kommunaler Ebene will KoSI-Lab einen Beitrag zur Forschungsagenda Zukunftsstadt des

BEGRIFFSBESTIMMUNG: KOMMUNALE LABORE SOZIALER INNOVATION

— sind Räume und Ressourcen für Teams aus Verwaltung, Politik, Wirtschaft, Forschung, Bürgerschaft

— sind neuartige, offene Institutionen einer kollaborativen Bearbeitung von kommunalen Schlüsselproblemen

— entwickeln und erproben neue soziale, praxisnahe Lösungen

— arbeiten „auf Augenhöhe" aller Akteure

— sind versehen mit Mandat der Stadtgesellschaft

Bundesministeriums für Forschung und Technologie leisten und eine praxisorientierte Realisierung für das Postulat der Agenda anbieten, da „nur in Zusammenarbeit zwischen Wissenschaft, Kommunen und Akteuren aus der Gesellschaft Lösungen für nachhaltige Entwicklungen gefunden werden können". Beteiligt sind die beiden Städte Dortmund und Wuppertal, das Zentrum für gute Taten Wuppertal, die TU Dortmund als Konsortialführer, das Wuppertal Institut und das Institut für Landes- und Stadtentwicklungsforschung.

Das Konzept KoSI-Lab und der Entwicklungsprozess in Dortmund und Wuppertal

Ohne dass an dieser Stelle alle Details vorgestellt werden können, sollen zwei Konzeptelemente näher ausgeführt und eine Begriffsbestimmung vorgestellt werden.

Ziel von KoSI-Lab ist es, eine Stakeholderbeteiligung in einer kontinuierlichen Struktur zu entwickeln und nicht temporär auf Projekte zu beschränken. Kernidee ist eine kollaborative Bearbeitung stadtgesellschaftlicher Herausforderungen auf Augenhöhe. Dabei werden die originären Aufgaben der Stakeholder nicht negiert. Vielmehr ermöglichen der Raum und das Innovationsmilieu des KoSI-Labs eine Zusammenarbeit in den jeweils originären Rollen als Koinvestition zur Lösung stadtgesellschaftlicher Fragestellungen.

Ein weiteres Konzeptelement ist es, die KoSI-Labs mit einem zweifachen Mandat der Stadtgesellschaft auszustatten. Ein Mandat ermöglicht auf der einen Ebene die Strukturbasis und den grundlegenden Auftrag für das Labor. Exkursionen zu bestehenden Laboren im Ausland haben motivierende Beispiele für Raumkonzepte und Ressourcenausstattungen gezeigt. Die zweite Ebene der Mandatierung ermöglicht einen Zugriff auf das Lab-Potenzial und seine Kapazitäten: Die KoSI-Labs sollen für Aufträge der Stakeholdergruppen der Stadtgesellschaft zur Verfügung stehen.

In Dortmund erfolgt eine Neuentwicklung des KoSI-Labs durch einen kommunalen Impulsgeber. Die städtische Wirtschaftsförderung unternimmt die Entwicklung eines Labors als Treiber und Katalysator sozialer Innovation für die Felder nachhaltige Stadtentwicklung, Demografiefestigkeit und neue Arbeit. Das Labor wird eingebettet in die Dialogstrukturen des „Dortmunder Konsenses" – der erprobten, breiten Kooperation zwischen den relevanten Akteuren der Stadtgesellschaft – und ist zudem angelehnt an aktuelle politische Initiativen der Stadt.

In Wuppertal will eine etablierte bürgerschaftliche Institution ihren Aufgabenbereich erweitern. Die unabhängige Freiwilligenagentur, das Zentrum für gute Taten, entwickelt – unterstützt von der Stadt Wuppertal – proaktiv eine Ausweitung ihrer Handlungsfelder in Richtung eines KoSI-Labs. Die Weiterentwicklung wird in den Dialog der Stadtgesellschaft mit vielfältigen bürgerschaftlichen Initiativen eingebunden.

Mit diesen Laboren werden neuartige, intermediäre Organisationen für die Zukunftsstadt angestrebt. Daraus soll ein neuer Ansatz entstehen, der sich von der Lösung wissenschaftlicher Fragestellungen in wissenschaftlichen Reallaboren, zivilgesellschaftlichen Initiativen oder partizipativen Prozessen bei hoheitlichen Aufgaben und wirtschaftlichen Verwertungsinteressen abhebt und diese ergänzt.

KoSI-Lab zielt auf die Potenziale einer kollaborativen Lösung von stadtgesellschaftlichen Herausforderungen ab. Viele der in diesem Band vorgestellten

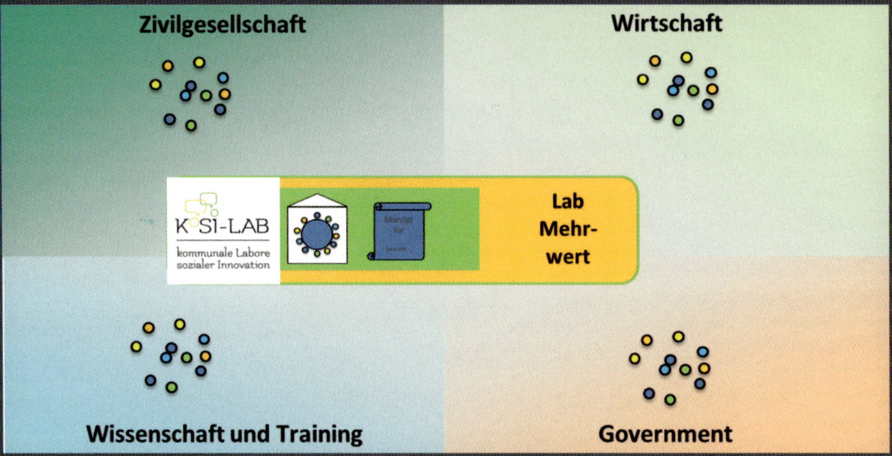

Beispiele haben Elemente einer kollaborativen Arbeitsweise und versuchen, Teile der Stadtgesellschaft zu integrieren oder gehen aus einer stadtgesellschaftlichen Initiative hervor. KoSI-Lab befreit die beteiligten Akteure von einer angenommen Festlegung, aus Kooperationen zuletzt immer auch ein Geschäftsmodell entwickeln zu müssen und die Zukunftsfähigkeit oder Nachhaltigkeit einer Idee allein über ein Geschäftsmodell sichern zu wollen. Vielfach kann ein Geschäftsmodell eine Lösung sein, vor allem dann, wenn mittelfristig darüber sozialversicherungspflichtige Beschäftigung aufgebaut werden könnte. Wenn allerdings in jeder Stakeholder übergreifenden Gruppe ihre Mitglieder davon ausgehen müssen, einem Social Entrepreneur zuzuarbeiten, der im Sinne der ökonomischen Marktgesetze ein individuelles Verwertungsinteresse entwickeln muss, verlieren viele kollaborative Prozesse ihre Unbefangenheit und den kreativen Raum.

KoSI-Lab will das Spektrum von Reallaboren und Social Innovation Hubs um eine kommunale Struktur ergänzen. Die konzeptionelle Ausarbeitung und die praktische Umsetzung von KoSI-Lab werden zeigen, wie in einem gemeinsamen Gestaltungsprozess der Rückfluss der eingesetzten Ressourcen und des Engagements an die beteiligten Akteure „organisiert“ werden kann.
Ergebnisse der Forschungsarbeiten des nationalen Dialogs zu Social Innovation Labs, zur Kartierung sozialer Innovation in den beiden Städten, zum Aufbau und zu den Entwicklungsprozessen der KoSI-Labs sowie zu Lernwerkstätten als Angebot für interessierte Kommunen finden sich unter: www.kosi-lab.net

Jürgen Schultze ist Wissenschaftler an der TU Dortmund/ Sozialforschungsstelle und Koordinator des Forschungsbereiches Nachhaltig. Seine Arbeitsfelder sind die Rolle Sozialer Innovation für Nachhaltigkeit und große Innovationsdialoge.

Joachim Beyer leitet den Geschäftsbereich Arbeit & Qualifizierung der Wirtschaftsförderung Dortmund. Sein Aufgabengebiet umfasst die Initiierung und die Begleitung von Projekten rund um die Themen Fachkräfteentwicklung und neue Arbeit.

Good Profits: Geld verdienen und die Welt ein bisschen besser machen

TEXT
Carmen Radeck

FOTOS
Good Profits

Geld verdienen und dabei die Welt ein bisschen besser machen – das ist das Ziel der beiden Social Entrepreneurs Sebastian Grothaus und Dirk Stiller. Ihr Geschäftsmodell: Impact Investing. Gemeint ist die Kapitalanlage in soziale Unternehmen. Eine solche Geldanlage bieten die beiden Gründer mit ihrem Social Business Good Profits an. Damit investieren sie in Unternehmen, die die Welt verbessern wollen, beispielsweise durch besonderes soziales Engagement, Umweltschutz, Arbeitsplätze für Benachteiligte oder gesunde Ernährung. Die Motive der beiden Gründer sind zum einen, durch Investitionen in soziale Unternehmen einen gesellschaftlichen Nutzen zu erwirken und daraus entsprechende Gewinne zu erzielen. Zum anderen möchten sie mit Good Profits eine einfache, faire und transparente Geldanlage anbieten. Eines der Unternehmen, in das sie investieren, ist beispielsweise Africa GreenTec, ein Social Business, das Afrikas erstes ökoeffektives, nachhaltiges und soziales Schwarmkraftwerk baut und betreibt.

Sebastians und Dirks Gründung unterscheidet sich gleich in zweierlei Hinsicht von der eines „normalen" Unternehmens. Zum einen dreht sich ihr Geschäftsmodell um Kapitalanlage, was eine besondere Herausforderung im Gründungsprozess darstellt, zum anderen gehört es in den Bereich Social Business, was meistens mit einem zusätzlichen Engagement zum eigentlichen Unternehmen einhergeht. Das fängt schon bei der Entwicklung der ersten Idee an, wie die beiden Gründer im Interview erzählen.

Wie ist die Idee zu Good Profits entstanden?

Sebastian Grothaus: *Unser Background ist für eine Investmentfirma eher ungewöhnlich: Dirk ist Diplom-Ingenieur der Verfahrenstechnik, ich habe Sport studiert und elf Jahre bei der Sportschau gearbeitet. Kennengelernt haben wir uns auf einem Investmentseminar, so dass wir auch nicht lange gebraucht haben, um unsere Gemeinsamkeiten herauszufinden, vor allem die Leidenschaft für finanzielle Bildung und Unternehmertum.*

Wir haben dann eine Zeit lang erfolgreich miteinander gearbeitet und investiert. Das war uns aber eindeutig zu wenig, wir wollten etwas in der Welt bewegen und unserem Handeln einen tieferen Sinn geben. Zum Thema Geld teilen wir beide die Einstellung, dass es eine Ressource ist, mit der man eine bestimmte Wirkung erzielen kann – im Schlechten, aber eben auch im Guten.

Also war die erste Idee, einen Teil der Gewinne unserer Investitionen zu spenden. Klang für uns erst einmal gut, wurde aber nicht wirklich angenommen.

Nach einem Strategie-Coaching kamen wir zu der Erkenntnis, dass der Hebel viel größer ist, wenn wir direkt in Unternehmen investieren, die Gutes für Umwelt und Gesellschaft tun – anstatt mit Investitionen in „normale Unternehmen" Geld zu verdienen und es dann zu spenden. Es gibt da ein sehr passendes Zitat von dem Friedensnobelpreisträger Muhammad Yunus: „A charity dollar has only one life, a social business dollar can be invested over and over again."

Wen wollt Ihr mit Eurem Unternehmen erreichen?

Dirk Stiller: *Wir haben uns ganz am Anfang eine elementare Frage gestellt: Mit wem möchten wir täglich zu tun haben – als Kunde und auch als Geschäftspartner? Die Antwort: soziale und nachhaltig denkende Unternehmer, die etwas bewegen wollen. Die Förderung profitorientierter, sozial motivierter Unternehmen stellt für uns den größten Hebel dar, um mit Kapital positive Auswirkungen auf Umwelt und Gesellschaft zu erreichen. Wenn wir nämlich genau diejenigen fördern, die mit unternehmerischen Mitteln – also mit den Ressourcen, die sie mit ihren Unternehmen zur Verfügung haben – zugunsten der Gesellschaft arbeiten, können wir unendlich viel bewirken. Der Hebel ist deshalb so groß, weil das Geld genau da hinkommt, wo es etwas Gutes bewirkt und gleichzeitig wachsen kann. Genau wie das Unternehmen, das es fördert.*

Geschäftsideen, die mit Kapitalanlage zu tun haben, sind nicht so einfach umzusetzen. Welche besonderen Hürden gab es und welche Erfahrungen habt Ihr gemacht?

Dirk: *Oh je, wo sollen wir anfangen? Zunächst einmal wissen wir, dass man sich in diesem Bereich ständig auf neue Umstände gefasst machen muss. Deshalb haben wir uns von Anfang an einen auf Kapitalanlagen spezialisierten Anwalt mit ins Team geholt. Sehr oft kamen wir mit den tollsten Ideen zu ihm, nur um dann zu hören: „Schlagt euch das mal schön aus dem Kopf".*

Sebastian: *Die weitreichendste Änderung war die Einführung des Kleinanlegerschutzgesetzes 2015, kurz nach unserer Gründung. Dadurch müssen für viele Kapitalanlagen – unter anderem auch für das von uns emittierte Nachrangdarlehen – ein Verkaufsprospekt erstellt werden. Hört sich harmlos an, aber unser Prospekt umfasst über 100 Seiten und die Prüfung durch die BaFin hat exakt sieben Monate gedauert. Diese nun endlich genommene Hürde war neben der Investition in Africa GreenTec eindeutig*

unser größter Meilenstein. Aber trotz aller Mühen muss man eines festhalten: Grundsätzlich ist es ja eine gute Sache, wenn Kapitalanlagen gut geprüft werden. Und wir freuen uns, diesen Schritt nun geschafft zu haben. Jetzt haben wir die Möglichkeit, zu beweisen, dass man mit Investitionen in die richtigen Unternehmen nicht nur viel Geld verdienen, sondern auch die Welt verbessern kann. Genau das ist ja unser Anliegen und der Grund, warum wir das alles tun.

Was ist das Besondere daran, ein Social Business zu gründen?

Sebastian: *Ein Social Business zu gründen, hat viel damit zu tun, dass es von einer Mission getrieben ist. „Mission-driven" heißt es im Englischen. Man hat als Social Entrepreneur ein Anliegen, das man verfolgt und das man auch nach außen tragen möchte. Von daher sehe ich den sozialen Aspekt auch ganz klar als Wettbewerbsvorteil. Wenn Kunden zwei vergleichbare Produkte zur Auswahl haben, werden sie sich immer mehr und immer bewusster für das nachhaltigere oder sozialere entscheiden. Dazu hat man als Sozialunternehmer heute immer noch die Vorbildfunktion, zu zeigen, dass Social Business funktioniert, nämlich dass man die Welt zum Guten verändern und dabei ein profitables Unternehmen aufbauen kann.*

Dieses Buch ist ein Startup. Ein Buch über die Gründer- und Startup-Szene im Ruhrgebiet und gleichzeitig ein Startup, eine Idee, entstanden mitten aus dieser Gründerszene. Und wie es sich für das Ruhrgebiet gehört, wurde die Saat dazu auf Zollverein gesetzt, mitten im Sommer auf der ersten STARTupRUHR Demo Night 2016. In einem unscheinbaren Gebäude am Rande des Zechengeländes hat der Verein Pro Ruhrgebiet alles zusammengetrommelt, was es an Gründerszene im Ruhrgebiet gibt. Der Raum ist voller Startups, die dicht an dicht an kleinen Messeständen ihre Geschäftsideen präsentieren. Alle sind da: Gründer, Leute aus der Industrie und aus der Wirtschaft, von den Hochschulen, von den Wirtschaftsförderungen, Business Angels, und sogar ein paar Investoren und allerhand Presse. Und wir. Michael Kriegel und Carmen Radeck. Der eine Gründerdozent mit Verlag in Dortmund, die andere Gründerin von RuhrGründer.de, dem Onlinemagazin für die Gründerszene im Ruhrgebiet.

Wir kennen uns da noch nicht persönlich, haben nur schon mal was voneinander gehört. Aber wir werden uns gleich kennenlernen, denn Thomas Nußbruch, einer der umtriebigsten Netzwerker hier im Pott, schnappt sich jeden von uns und sagt, was er immer in solchen Situationen sagt: „Ihr zwei solltet Euch mal kennenlernen."

LETZTE

Mit diesem Kennenlernen fing es an. Am gleichen Abend beschlossen wir, zusammen etwas zu machen. Herausgekommen ist das, was Ihr gerade in den Händen haltet: RuhrGründer, der Guide für Gründer und Startups im Ruhrgebiet.

Wie viel Inspiration kann dieses Buch bieten? Die Storys zeigen (hoffentlich) inspirierende Geschichten von Gründerinnen und Gründern, die etwas angepackt haben. Stories über Mut, Können, Visionen, Anstrengungen, Rückschläge und Leidenschaft. Gründen im Pott ist in jeder Hinsicht ein Abenteuer, und jeder

WORTE

kann an dieser Geschichte mitschreiben. Egal ob man dieses Buch als Inspiration nutzt und schon eine Idee im Hinterkopf hat, die man umsetzen möchte, ob man gleichgesinnte Gründerinnen und Gründer auf Veranstaltungen treffen möchte, ob man seine Leidenschaft zum Hauptjob machen möchte, ob man eine gesellschaftliche Wirkung erzielen möchte oder ob man einfach Gründerluft in einem der größten deutschen Startup-Ökosysteme atmen möchte – der Pott macht es möglich.

Zur besseren Orientierung haben wir ein Verzeichnis erstellt, das viele der Akteure versammelt, die unterstützend tätig sind, Beratungen oder Räumlichkeiten zur Verfügung stellen, Accelerator- oder Qualifizierungsprogramme anbieten. Momentan wächst dieses Ökosystem stetig, monatlich kommen neue Akteure dazu – die Zeit zum Starten ist ideal! Seid Teil von diesem Abenteuer und gründet im Pott!

Wir danken Thomas Nußbruch für seine Inspiration und seine Fähigkeit, zur richtigen Zeit die richtigen Leute zusammenzubringen. Wir danken Caro Tolkemit für ihre gestalterischen Fähigkeiten und für ihren unermüdlichen Einsatz. Wir danken Kerstin Uhlmann für die tolle Umschlagsgestaltung. Wir danken Verena Simon, die in Berlin das Lektorat übernommen und sich auf Fehlerteufelsuche gemacht hat. Aus dem Netzwerken auf Zollverein ist ein komplettes Team geworden, das dieses Buch gerockt hat, gemeinsam mit der Gründerszene im Ruhrgebiet, aus der wir jede Menge Unterstützung erhalten haben.
Und wenn Ihr Fragen oder Anregungen habt, dann freuen wir uns, von Euch zu hören: ruhrgruender@ausdempott.de

Carmen Radeck *Michael Kriegel*

Verzeichnis

Überblick über die wichtigsten Anlaufstellen für Gründer und Startups im Ruhrgebiet

Wirtschaftsförderung

Bochum Wirtschaftsentwicklung
Elke Nagel
Viktoriastraße 10
44787 Bochum
Tel.: 0234 - 61063172
E-Mail: elke.nagel@bochum-wirtschaft.de
www.bochum-wirtschaft.de

Die Bochum Wirtschaftsentwicklung hat für künftige Entrepreneure das individuell passende Beratungsangebot – egal in welcher Gründungsphase. Unser Startercenter NRW Bochum steht Dir mit vielfältigen Beratungsangeboten mit Rat und Tat zur Seite. Wir helfen Dir bei der Erstellung des Businessplans und bei Gründungsformalitäten. Wir veranstalten Seminare, Workshops und Expertengespräche, informieren über öffentliche Finanzierungshilfen oder vernetzen Dich mit anderen Gründerinnen und Gründern. Sprich uns einfach an. Wir lassen Dich mit Deiner Gründung nicht im Regen stehen. Versprochen!

STADT BOTTROP - AMT FÜR WIRTSCHAFTSFÖRDERUNG UND STANDORTMANAGEMENT

STARTERCENTER NRW Emscher-Lippe
Paßstr. 2
46236 Bottrop
Tel.: 02041 - 70 47 81
E-Mail: startercenter@bottrop.de
www.bottrop.de/startercenter

WIRTSCHAFTSFÖRDERUNG IN DORSTEN GMBH (WINDOR)

Arno Schade
Bismarckstraße 24
D-46284 Dorsten
Tel.: 02362 - 663451
E-Mail: schade@win-dor.de
www.win-dor.de

STARTERCENTER WIRTSCHAFTSFÖRDERUNG DORTMUND

Startercenter NRW bei der Wirtschaftsförderung Dortmund
Betenstr. 19
44122 Dortmund
Tel.: 0231 - 50 2 92 44
E-Mail: dlzw@dortmund.de
www.wirtschaftsfoerderung-dortmund.de/gruendung

Stadt Dortmund
Wirtschaftsförderung

GRÜNDUNGSFÖRDERUNG DER WIRTSCHAFTSFÖRDERUNG DORTMUND

Wirtschaftsförderung Dortmund
Gründungsberatung und -förderung
Töllner Str. 9-11
44122 Dortmund
Tel: 0231 - 50 2 92 44
E-Mail: info@wirtschaftsfoerderung-dortmund.de
www.wirtschaftsfoerderung-dortmund.de/gruendung

Sie wollen gründen? Wir helfen Ihnen dabei! Ob Neugründung, Betriebsübernahme oder -erweiterung, haupt- oder nebenberufliche Gründung aller Branchen: Das Team bei der Wirtschaftsförderung unterstützt Sie in allen Bereichen rund um Ihren Unternehmensaufbau. So beginnt Ihr Weg von der ersten Idee bis zur erfolgreichen Gründung.
Wir helfen Ihnen aus einer Vielzahl von öffentlichen Förderprogrammen, die das Land Nordrhein-Westfalen, der Bund und die EU zur Verfügung stellen, die passenden Fördermittel für Ihre Gründungsidee ausfindig zu machen. Zudem halten wir für Sie ein abwechslungsreiches Fortbildungsangebot bereit.

GFW Duisburg
die Wirtschaftsförderung

GESELLSCHAFT FÜR WIRTSCHAFTSFÖRDERUNG DUISBURG (GFW) MBH

Düsseldorfer Straße 42
D-47051 Duisburg
Angel Alava-Pons: Tel.: 0203 - 3639-365
Andree Schäfer: Tel.: 0203 - 3639-343
E-Mail: gruendung@gfw-duisburg.de
www.gfw-duisburg.de

Der Standort Duisburg bietet Existenzgründern beste Chancen für die erfolgreiche Umsetzung ihres Vorhabens. Wir von der GFW begleiten zu Behördengängen, informieren zu Fördermitteln und Finanzierungsangeboten - wir sind Ihr Sparringspartner rund um Ihre Gründungsidee!
Das GFW-Mittelstands-Forum eröffnet Ihnen den direkten Kontakt zu wichtigen Vertretern der lokalen Wirtschaft, Politik und Verwaltung. Darüber hinaus bieten wir Gründern u.a. in unserem Technologiezentrum ein bezahlbares erstes Zuhause.
Sprechen Sie uns an, damit aus Fragen Antworten werden. Wir freuen uns auf Sie!

Wirtschaftsförderung

EWG - ESSENER WIRTSCHAFTSFÖR-DERUNGSGESELLSCHAFT MBH

Dipl.-Kff. Angelika Otto
Lindenallee 55
45127 Essen
Tel.: 0201- 8202433
E-Mail: angelika.otto@ewg.de
www.ewg.de

Sie wünschen sich, Ihr eigener Boss zu sein? Oder planen Sie bereits den Schritt in die Selbstständigkeit? Eine gute Geschäftsidee und Ihr fachliches Know-how sind dafür die Basis. Die EWG - Essener Wirtschaftsförderungsgesellschaft berät Sie gerne in all Ihren Phasen – vor, während und nach der Existenzgründung. Gemeinsam mit Praktikern aus der Wirtschaft, Kompetenz aus Wissenschaft und Verwaltung arbeiten wir im Bereich der Gründungsförderung eng zusammen, um Start-ups und jungen Unternehmen den Weg in eine erfolgreiche Zukunft am Standort Essen zu ebnen.

WIRTSCHAFTSFÖRDERUNG GELSENKIRCHEN

Munscheidstraße 14
45886 Gelsenkirchen
Tel.: 0209 - 169-5459
Fax: 0209 - 169-8571
www.mitunswirdswas.de

Sie wollen eine selbständige Existenz in Gelsenkirchen gründen? Sie möchten im Rahmen einer Existenzgründung in Gelsenkirchen öffentliche Finanzierungshilfen in Anspruch nehmen oder wünschen Unterstützung bei der Erstellung Ihres Gründungskonzeptes? Die Wirtschaftsförderung Gelsenkirchen berät zielgerichtet in allen Fragen rund um das Thema Existenzgründung und vermittelt Kontakte zu Netzwerkpartnern, wie dem Land NRW, Banken, Institutionen und Verbänden. Dabei versteht sich die Wirtschaftsförderung Gelsenkirchen als Bindeglied zwischen Verwaltung und Unternehmerschaft.

STARTERCENTER NRW BEI DER WFG HERNE MBH

Kornelia Alles, Susanne Stegemann,
Claudia Zielke
Westring 303
44629 Herne
Tel: 02323 - 925 113
E-Mail: startercenter@wfg-herne.de
www.wfg-herne.de

Das STARTERCENTER NRW bei der Wirtschaftsförderung Herne ist eines der landesweit zertifizierten STARTERCENTER. Das Team des WFG-STARTERCENTERs unterstützt Herner Gründerinnen und Gründer branchenweit durch individuelle Beratung und Begleitung sowie mit einem umfangreichen Veranstaltungs-, Qualifizierungs- und Fortbildungsprogramm. Start-ups erhalten darüber hinaus kostenlos und aus einer Hand Informationen zu Finanzierungs- und Fördermöglichkeiten.

WIRTSCHAFTSFÖRDERUNG HERTEN

Brigitte Berkau
Kurt-Schumacher-Str. 2-4
45699 Herten
Tel.: 02366 - 30 36 16
E-Mail: b.berkau@herten.de
www.wirtschaftsfoerderung-herten.de

WIRTSCHAFTSFÖRDERUNGS-ZENTRUM LÜNEN GMBH

LÜNTEC-Technologiezentrum Lünen GmbH
Am Brambusch 24
44536 Lünen
Tel.: 0231-98 60 350
E-Mail: info@wzl.de
www.wzl.de

STARTERCENTER NRW MÜLHEIM AN DER RUHR

c/o Mülheim & Business GmbH
Wiesenstraße 35
45473 Mülheim an der Ruhr
Tel.: 0208 - 484851 (Dr. Uta Willim)
E-Mail: u.willim@muelheim-business.de
www.muelheim-business.de/gruenderservice

Wirtschafts-förderung

STARTERCENTER

KREIS RECKLINGHAUSEN
DER VESTISCHE KREIS

STARTERCENTER KREIS RECKLINGHAUSEN
Henrike Hartz
Kurt-Schumacher-Allee 1
45657 Recklinghausen
Tel.: 02361 - 53 43 30
E-Mail: startercenter@kreis-re.de
www.startercenter.com

STARTERCENTER NRW KREIS UNNA
Wirtschaftsförderungsgesellschaft
für den Kreis Unna mbH
Friedrich-Ebert-Straße 19
59425 Unna
Tel: 02303 - 27-2490
E-Mail: s.hoehne@wfg-kreis-unna.de
www.wfg-kreis-unna.de

WIRTSCHAFTSFÖRDERUNG METROPOLERUHR GMBH (WMR)
Kronprinzenstraße 6
45128 Essen
Tel.: 0201 - 63 24 88 - 0
info@business.metropoleruhr.de
www.business.metropoleruhr.de

Blogs/Medien/Online-Portale

RUHRGRÜNDER
E-Mail: radeck@ruhrgruender.de
www.ruhrgruender.de
Facebook: facebook.com/ruhrgruender

ruhrgruender.de ist das Online-Magazin für die Gründerszene Ruhr - mit Gründerstorys und -interviews, Themenbeiträgen, Szene-News und einem großen Event-Kalender. Gegründet 2014 von der Journalistin und Bloggerin Carmen Radeck hat sich RuhrGründer zum führenden Online-Portal für Gründer und Startups im Ruhrgebiet entwickelt.

RUHRPOTT START-UPS
E-Mail: info@ruhrpottstartups.de
www.ruhrpottstartups.de

START-UPS IM RUHRGEBIET (DEUTSCHE-STARTUPS.DE)
E-Mail: redaktion@deutsche-startups.de
www.deutsche-startups.de/tag/ruhrgebiet

STARTUPS RUHR
E-Mail: mail@startupsruhr.de
www.startupsruhr.de

Startups Ruhr macht das innovative Potenzial des Ruhrgebiets sichtbar. Mit der Datenbank StartupsRuhr.de wollen wir jungen Startups aus dem Ruhrgebiet eine Plattform geben, ihre innovativen Ideen der Öffentlichkeit präsentieren und sie mit der regionalen Wirtschaft und Industrie vernetzen. Gegründet wurde StartupsRuhr.de im Jahr 2017 von Carmen Radeck von RuhrGründer und Dennis Arntjen von KMU Digital mit Unterstützung vom Initiativkreis Ruhr.

Hochschulen

RUHR-UNIVERSITÄT BOCHUM WORLDFACTORY®

Marc Seelbach
UV 3/373, Universitätsstraße 150
44801 Bochum
Tel.: 0234 - 32-22477
E-Mail: marc.seelbach@uv.rub.de
www.rub.de/worldfactory

Die WORLDFACTORY ist das Transfer- und Gründerkonzept der Ruhr-Universität Bochum. Wir fördern den Gründergeist von Studierenden – von Anfang an. In der WORLDFACTORY sind die Bereiche Gründungsförderung, Patentwesen, Coworking-Space sowie Maßnahmen der Entrepreneurshipqualifizierung und des Wissens- und Technologietransfers verortet. Zudem soll in Campusnähe ein Makerspace aufgebaut werden, um mehr Praxiselemente in die Lehre zu transferieren und einen räumlichen Ort der Innovationsförderung aufzubauen.

FACHHOCHSCHULE DORTMUND - UNIVERSITY OF APPLIED SCIENCES AND ARTS

Erdme Brüning
Sonnenstraße 98, Raum C203
44139 Dortmund
ab 2018 am Campus Emil-Figge-Straße
Tel.: 0231-9112-243
Fax: 0231-9112-342
E-Mail: erdme.bruening@fh-dortmund.de
www.fh-dortmund.de

TECHNISCHE UNIVERSITÄT DORTMUND CENTRUM FÜR ENTREPRENEURSHIP & TRANSFER (CET)

Entrepreneurship School - Forschung & Qualifizierung
Dr. Ronald Kriedel, Tel.: 0231-755-3787
E-Mail: ronald.kriedel@tu-dortmund.de
Gründungservice, Schutzrechte & Transfer
Sebastian Hanny, Tel.: 0231-755-55 22
E-Mail: sebastian.hanny@tu-dortmund.de
www.cet.tu-dortmund.de

Das Centrum für Entrepreneurship & Transfer (CET) ist eine zentrale Serviceeinrichtung der TU Dortmund, deren Fokus auf der gezielten Start-up-Förderung, der Betreuung von Erfindungen und Patenten der TU Dortmund und der Begleitung junger technologie- und wissensbasierter Unternehmen liegt. Neben der Teilnahme an Gründungsveranstaltungen bietet das CET umfassende Unterstützungsangebote in den vier zentralen Bereichen Forschung, Qualifizierung, Beratung sowie Schutzrechte und Transfer an.
Diese umfassen beispielsweise die Durchführung von Summer Schools und Workshops, die Konzeption von Innovationslaboren, die Begleitung und Beantragung von Fördermitteln wie z. B. das EXIST-Gründerstipendium und das Sichern und die Verwertung von Erfindungen und Patenten der TU Dortmund.

UNIVERSITÄT DUISBURG-ESSEN
IDE - KOMPETENZZENTRUM
FÜR INNOVATION &
UNTERNEHMENSGRÜNDUNG
Forsthausweg 2
D-47057 Duisburg
Tel. 0203 - 379 1459
Fax. 0203 - 379 1895
www.uni-due.de/ide

Das IDE – Kompetenzzentrum für Innovation & Unternehmensgründung der Universität Duisburg-Essen (UDE) ist die zentrale Service-Einrichtung für Studierende und WissenschaftlerInnen mit Interessen in den Bereichen Kreativität, Innovation und Gründung. Das IDE verfügt über langjährige Erfahrungen im Innovations- & Gründungsbereich. Die IDE Unterstützung umfasst die Ideenfindung, Qualifizierung, Geschäftsmodellierung, Finanzierung und Vernetzung mit Alumni, Investoren oder potentiellen Teammitgliedern. Mit dem neuen Master Studiengang „Innopreneurship" wird das Angebot weiter ausgebaut.
www.uni-due.de/ide

Finanzierung/Venture Capital/ Business Angels

BUSINESS ANGELS AGENTUR RUHR E.V. (BAAR)
Semperstr. 51
45138 Essen
Tel.: 0201 - 89415-30
E-Mail: info@baar-ev.de
www.baar-ev.de

CROSSLANTIC CAPITAL MANAGEMENT GMBH
Grabenstr. 38
44797 Bochum
E-Mail: info@crosslantic.com
www.crosslantic.com

GRÜNDERFONDS RUHR
Theaterplatz 8
45127 Essen
Telefon: 0201 - 8115 115
Fax: 0201 - 8115 116
E-Mail: info@gruenderfonds-ruhr.com
www.gruenderfonds-ruhr.com

INNOGY VENTURE CAPITAL GMBH
Am Kai 18
44263 Dortmund
Tel. 0231 - 438 2464
E-Mail: info@innogy-ventures.com
www.innogy-ventures.com

SPARKASSE DORTMUND / SEEDCAPITAL DORTMUND II GMBH & CO. KG
Nico Hemmann
Freistuhl 2
44137 Dortmund
Tel.: 0231 - 183 314 01
E-Mail: nico.hemmann@sparkasse-dortmund.de
www.sparkasse-dortmund.de

Sparkasse Essen

SPARKASSE ESSEN
Existenzgründung und Sonderfinanzierung
Dirk Weimann
III. Hagen 43
45127 Essen
Tel.: 0201 - 103-2277
E-Mail: dirk.weimann@sparkasse-essen.de
www-.sparkasse-essen.de

TENGELMANN VENTURES MANAGEMENT GMBH
Wissollstr. 5-43
45478 Mülheim an der Ruhr
Deutschland
Tel. 0208 - 583-8239
E-Mail: ideas@tev.de
www.tev.de

IHKs

DIE INDUSTRIE- UND HANDELSKAMMERN IM RUHRGEBIET:

www.ihks-im-ruhrgebiet.de
IHK Kammerfinder – Ihre IHK vor Ort: www.ihk.de

Geballtes Know-how für einen gelungenen Unternehmensstart

Die Industrie- und Handelskammern im Ruhrgebiet bieten Gründungsinteressierten ein umfassendes Angebot zur Gründung.

Gründer können zunächst Grundinformationen rund um das Thema Selbständigkeit erhalten. So können Sie die weiteren Schritte in die Selbstständigkeit gründlich planen. Die weitere Beratung umfasst z.B. Informationen zur Erarbeitung von Geschäftskonzepten, eventuellen Zugangsbeschränkungen, Businessplan-Check, Brancheninformationen, Rechtsformwahl, sowie Beratung zu Fördermitteln. Ihren Businessplan können Sie auch online kostenlos über die Gründungswerkstatt NRW (www.gruendungswerkstatt-nrw.de) mit Unterstützung eines IHK-Tutors erarbeiten.

Zu unserem weiteren Angebot gehört auch: persönliche Beratung, Informations-veranstaltungen, Aktionstage, Seminare und Sprechtage.

Für die Vorbereitung der Finanzierung bieten wir Finanzierungsprechtage gemeinsam mit der NRW.BANK und Bürgschaftsbank NRW an. Steuerberater-Sprechtage informieren in Kooperation mit den Steuerberaterkammern über betriebliche Steuerarten. Das Angebot richtet sich an Gründer, die eine steuerliche Einstiegsberatung benötigen.

Auch für Startups bieten wir spezielle Angebote wie Startupreisen nach New York und Helsinki oder Pitches an. Weitere Kooperationen gibt es mit:

- ruhr:HUB
- Camp.Essen
- STARBUZZ Digital Commerce & Logistics Accelerator

Technologie- und Gründerzentren

BIO-SECURITY
Management GmbH
Siemensstraße 42
59199 Bönen
Tel.: 0238 - 3 91 90
Fax: 0238 - 3 91 93 33
E-Mail: info@bio-security.de
www.bio-security.de

Stadt Dortmund
Wirtschaftsförderung

GRÜNDERINNENZENTRUM DORTMUND
c/o Wirtschaftsförderung Dortmund
Hoher Wall 15
44137 Dortmund
Tel.: 0231 – 50-23 65 0 oder -2 36 51
E-Mail: gruenderinnenzentrum@stadtdo.de
www.gruenderinnenzentrum-dortmund.de

Hier im Gründerinnenzentrum am Hohen Wall 15, in unmittelbarer Nähe des Dortmunder U, erhalten Sie als Frau Unterstützung in der Startphase der Selbständigkeit mit Beratung, Workshops und Räumlichkeiten.
Vor Ort sind für Sie Expert*innen der Wirtschaftsförderung zu sprechen, die alle wichtigen Fragen zur Gründung beantworten. Regelmäßig bieten wir für Gründungsinteressierte spannende Seminare und Workshops an sowie Zugang zu unserem großen Netzwerk.
Mit einer tragfähigen Geschäftsidee können Sie einen attraktiven Zuschuss zu einem Büro hier am Standort erhalten.

TGH - TECHNOLOGIE- UND GRÜNDERZENTRUM HATTINGEN
Werksstraße 15
45527 Hattingen
Tel.: 0232 - 4 59 91-0
Fax: 0232 - 4 59 91-12
E-Mail: info@chip-tgh.de
Internet: www.chip-tgh.de

TechnologieZentrumDortmund

TECHNOLOGIEZENTRUMDORTMUND GMBH
Emil-Figge-Str. 76 – 80
44227 Dortmund
Tel.: 0231-97 42-100
Fax: 0231-97 42-395
E-Mail: technobox@tzdo.de
www.tzdo.de

TECTRUM - TECHNOLOGIEZENTRUM FÜR DUISBURG
Bismarckstraße 120 - 142
47057 Duisburg
Tel.: 0203 - 3 06 10 80
www.tectrum.duisburg.de

TZR - TECHNOLOGIEZENTRUM RUHR
Universitätsstraße 142
44799 Bochum
Tel.: 0234 - 970 60-0
Fax: 0234 - 970 60-60
E-Mail: info@chip-tzr.de
Internet: www.chip-tzr.de

ZUKUNFTSZENTRUMZOLLVEREIN
TRIPLE Z

GRÜNDUNGS- UND UNTERNEHMENSZENTRUM ZUKUNFTSZENTRUMZOLLVEREIN – TRIPLE Z
Katernberger Str. 107
45327 Essen
Tel.: 0201 - 8 87 21 00
E-Mail: info@triple-z.de
www.triple-z.de

Gründen auf Zollverein 4/5/11 – wo früher Kohle gewonnen wurde, bietet das Essener Gründungs- und Unternehmenszentrum Triple Z heute moderne Büros, Produktionsflächen und Lager. In den zehn sanierten Zechengebäuden der Zollverein-Schachtanlage 4/5/11 können Startups flexibel wachsen: Vom Tagesbüro zur Teilzeit-Miete ins kleine Einzelbüro bis zur kompletten Büroetage oder ganzen Produktionshalle. Mit Highspeed-Internet, Gründungsberatung, rund 300 Parkplätzen, Bistro und Konferenzräumen finden Gründer beste Bedingungen für den erfolgreichen Unternehmensstart.

Hubs, Labs, Acceleratoren, Inkubatoren

CAMP.ESSEN

Karolinger Str. 96, (im ComIn start)
45141 Essen
Tel.: 0201 - 82024-84 / -85
E-Mail: info@camp-essen.de
www.camp-essen.de

Mit innovativen Ideen durchstarten: CAMP.ESSEN ist die lokale Plattform für den digitalen Wandel. In kreativer Projekt- und Arbeitsatmosphäre vernetzen sich hier Startups, Mittelstand und Konzerne. Im Coworking Space entwickeln Startups innovative Projekte – beim Sparring werden Ideen geschärft und Geschäftsmodelle weiterentwickelt. Junge und gestandene Unternehmer erfahren in Workshops die vielfältigen Chancen der Digitalisierung. CAMP.ESSEN ist der lokale Partner des ruhr:HUB und wird durch ein Netzwerk von Partnern aus Stadt, Wirtschaft und Institutionen unterstützt.

EZW ENTREPRENEURSHIP ZENTRUM WITTEN GGMBH

Alfred-Herrhausen-Str. 45
D-58455 Witten
Tel.: 02302 - 915 169
E-Mail: info@ezw.de
www.ezw.de

IMPACT HUB RUHRGEBIET GMBH

c/o Haus der Technik
Hollestr. 1
45127 Essen
E-Mail: janna.prager@impacthub.net
ruhr.pilot.impacthub.net

KOSI-LAB C/O SOZIALFORSCHUNGSSTELLE DORTMUND

Jürgen Schultze (Verbundkoordination)
Evinger Platz 17
44339 Dortmund
Tel.: 0231 8596-245
E-Mail: schultze@sfs-dortmund.de
www.kosi-lab.net

DIGITALE WIRTSCHAFT NRW (DWNRW) – EINE INITIATIVE DES MINISTERIUMS FÜR WIRTSCHAFT, INNOVATION, DIGITALISIERUNG UND ENERGIE DES LANDES NORDRHEIN-WESTFALEN.

RUHR:HUB GMBH

Lindenallee 10
45127 Essen
Tel.: 0201 - 365375 93
Fax: 0201 - 365375 95
E-Mail info@hub.ruhr
www.hub.ruhr

Der ruhr:HUB wurde Ende 2016 von den sechs Ruhrgebietsstädten – Bochum, Dortmund, Duisburg, Essen, Gelsenkirchen und Mülheim an der Ruhr ins Leben gerufen und dient als zentrale Anlaufstelle für die digitale Wirtschaft in der Region. Wir bieten Startups eine Plattform, sich mit Wirtschaft, Wissenschaft und Politik zu verknüpfen und so das benötigte Netzwerk für eine erfolgreiche Zukunft aufzubauen. Unser Ziel ist es, Unternehmen und Startups in den aufkommenden Themen der Digitalisierung zu unterstützen und so die Region und seine schnell wachsende Startup-Szene für die Zukunft zu rüsten.

SOCIAL IMPACT LAB DUISBURG

SOCIAL IMPACT LAB DUISBURG

Franz-Haniel-Platz 4
47119 Duisburg
Tel.: 0203 - 395 102 40
E-Mail: duisburg@socialimpactlab.eu
www.socialimpactlab.eu

Das Social Impact Lab Duisburg ist ein Ort wo soziale Innovationen gedeihen. Auf dem Haniel-Campus im Kreativquartier Duisburg Ruhrort bietet eine dreistöckige Gründerzeiten-Villa jede Menge Platz zum Coworken, Experimentieren und Gründen. Social Entrepreneurs werden mit dem AndersGründer-Stipendium dabei unterstützt, ihre Idee zur Lösung eines sozialen Problems in ein nachhaltig wirksames Unternehmen zu überführen.

STARBUZZ

STARBUZZ DIGITAL COMMERCE & LOGISTICS ACCELERATOR

c/o Mülheim & Business GmbH
Wiesenstraße 35
45473 Mülheim an der Ruhr
Tel.: 0208 - 48 48 59
E-Mail: tom@starbuzz.ruhr
www.starbuzz.ruhr

WORK DIGITAL

c/o Work Inn Campus
Martin-Schmeißer-Weg 10
44227 Dortmund
Tel.: 0151 27 53 61 21
E-Mail: d.arntjen@kmu-digital.net
www.work-digital.de

Coworking

C/O – RAUM FÜR KOOPERATION
Bergmannstr. 37
45886 Gelsenkirchen
Tel.: 0209 - 93 89 60 70
E-Mail: info@co-raum.de
www.co-raum.de

CAMP.ESSEN
(siehe unter "Hubs, Labs, Acceleratoren, Inkubatoren")

IMPACT HUB RUHR
(siehe unter "Hubs, Labs, Acceleratoren, Inkubatoren")

KABÜ ANNA RÜ
Annastrasse 51
45130 Essen
Tel.: 0178 8 58 20 19
E-Mail: info@kabü.de
www.kabü.de

PANORAMA-COWORKING
Viehofer Str. 31
45127 Essen
E-Mail: info@unperfekthaus.de
www.panorama-coworking.de/

RAUM E.V.
Wiesenstraße 25
58452 Witten
Tel.: 02302 - 2 82 32 36
info@arbeitundcafe.de
www.arbeitundcafe.de

RENT24 GMBH
Alexandra Schliebitz
Hansastraße 95
44137 Dortmund
Tel.: 0231 56056-0
E-Mail: Alexandra.Schliebitz@rent24.com
www.rent24.com

Rent24 bietet Coworking Spaces in ganz Deutschland und ermöglicht seinen Mietern neben einem flexiblen und effizienten Arbeitsplatz auch Gelegenheiten zum Vernetzen mit Gleichgesinnten. Zu den Membern von Rent24 gehören alle, vom allein arbeitenden Startup-Unternehmer bis hin zu etablierten Unternehmen mit großen Teams. Die Kunden bekommen die Möglichkeit, in den Rent24 Coworking Spaces ihre Projektteams aufzubauen und ihr Unternehmen zum Erfolg führen zu können. Pluspunkt ist außerdem die gebotene Flexibilität und die Austauschmöglichkeit mit anderen Coworkern. Um größtmögliche Effizienz und Bequemlichkeit zu bieten, gehört auch Coliving zum Rent24-Konzept. Dafür werden an den Coworking Standorten Boutique Hostels errichtet und Arbeiten sowie Wohnen an einem Standort ermöglicht. Gerade für internationale Gründer und Unternehmer bietet es Vorteile, da das „Hopping" zwischen den Standorten flexibel und leicht ist. Rent24 startete außerdem einen Venture Capital Fonds „r24-ventures".

RUHR:HUB

(siehe unter "Hubs, Labs, Acceleratoren, Inkubatoren")

WORK CAFÉ DUISBURG

c/o Technologiezentrum für Duisburg
Tectrum/TecTower
Bismarckstr. 142
47057 Duisburg
Tel.: 0203 - 306-1600
E-Mail: info@workcafe-duisburg.de
www.workcafe-duisburg.de

WORK INN

www.workinn.de
info@workinn.de

Dortmund-Wickede
Frische Luft 159, 44319 Dortmund

Dortmund-Hafen
Mallinckrodtstr. 320, 44147 Dortmund

Dortmund-City
Hohe Str. 1, 44139 Dortmund

Dortmund-Campus
Martin-Schmeißer-Weg 10, 44227 Dortmund

Im Work Inn finden Gründer und Start-Ups ein Zuhause. Neben Coworking im Open Space stehen separate Büros und Besprechungsräume zur Verfügung. Das Accelerator-Programm „Work Digital" geht im Oktober in die zweite Runde. Ziel ist es, Start-Ups mit Mittelständlern zu matchen. Zudem bietet das Work Inn Vorteilsprogramme für Start-Ups an. Jeder Coworker wird Teil der Community. Bislang umfasst die Gemeinschaft über 190 Coworker und ist damit die größte Community im Pott. Die vorherrschenden Branchen sind neben IT und Web insbesondere Kreativität und Beratung.

UNPERFEKTHAUS

Friedrich-Ebert-Str. 18
45127 Essen-City
Tel.: 0201 - 84735-0
E-Mail: info@unperfekthaus.de
www.unperfekthaus.de

Initiativen

GRÜNDERGEIST E.V.
„Wir unterstützen Gründer"
Schönleinstrasse 41
45131 Essen
E-Mail: info@gruendergeist.org
www.gruendergeist.org

GRÜNDUNGSNETZWERK ESSEN

GRÜNDUNGSNETZWERK ESSEN
c/o EWG Gmbh, Angelika Otto
Lindenallee 55
45127 Essen
Tel.: 0201- 8202433
E-Mail: info@gruendungsnetzwerk-essen.de
www.gruendungsnetzwerk-essen.de

Das Gründungsnetzwerk Essen ist ein Verbund von zahlreichen Essener Partnern aus der Wirtschaft und Einrichtungen der öffentlichen Hand. Wir unterstützen und begleiten branchenübergreifend in allen Phasen der Existenzgründung und Existenzfestigung. Wir sind die Basis für den erfolgreichen Schritt in die Selbstständigkeit und kompetenter Ansprechpartner. Alle sich im Gründungsnetzwerk Essen engagierenden Partner haben das Ziel, erfolgsversprechenden und innovativen Existenzgründungen optimale Voraussetzungen zu bieten.

Initiativkreis Ruhr®

INITIATIVKREIS RUHR GMBH
Geschäftsführer Dirk Opalka
Alfred Herrhausen-Haus
Brunnenstraße 8
D-45128 Essen
Tel.: 0201-89 66-60
Fax: 0201-89 66-670
E-Mail: info@i-r.de
www.i-r.de

Der Initiativkreis Ruhr ist ein Zusammenschluss von mehr als 70 führenden Wirtschaftsunternehmen und Institutionen. Sie beschäftigen zusammen etwa 2,25 Millionen Menschen weltweit und generieren einen globalen Umsatz von rund 630 Milliarden Euro. Der Initiativkreis Ruhr unterstützt Startup-Veranstaltungen wie RuhrSummit oder FuckUp Nights Ruhrgebiet. Das Mentoren-Projekt „Smart am Start" öffnet innovativen Startups die Türen zu den Chefetagen der Ruhr-Industrie. Der Gründerfonds Ruhr stellt Jungunternehmern mehr als 30 Millionen Euro Risikokapital bereit. Ziel des Initiativkreises Ruhr ist es, die Entwicklung des Ruhrgebiets voranzutreiben und seine Zukunfts- und Wettbewerbsfähigkeit zu stärken. Weitere Informationen unter www.i-r.de.

RUHRVALLEY
Management Office
Mont-Cenis-Platz 1
44627 Herne
Tel.: 02323 - 9599 022
E-Mail: info@ruhrvalley.de
www.ruhrvalley.de

SENIOR CONSULT RUHR E. V.
Daniel Mund
Am Waldthausenpark 2
45127 Essen
Tel.: 0201 - 1892-288
E-Mail: d.mund@senior-consult-ruhr.de
www.senior-consult-ruhr.de

Senkrechtstarter
Der Gründungswettbewerb · BOCHUM

SENKRECHTSTARTER
Daniel Merkler
Viktoriastraße 10
44787 Bochum
Tel.: 0234 - 61063177
E-Mail: daniel.merkler@bochum-wirtschaft.de
www.senkrechtstarter.de

Starte Dein eigenes Business mit dem Senkrechtstarter, dem branchenoffenen Gründungswettbewerb der Bochum Wirtschaftsentwicklung. Alles was Du brauchst ist eine Idee; mit dem Senkrechtstarter wird in nur sechs Monaten ein Unternehmen daraus. Im Fokus steht Dein Businessplan. Unterstützt durch die kostenlose Beratung unseres Expertennetzwerks erstellst Du Dein Geschäftskonzept und entwickelst daraus Deinen Businessplan. Individuelles Feedback erfahrener Businessprofis unterstützt Dich dabei. Und: Die zehn besten Teams gewinnen attraktive Preisgelder.

STARTBAHN RUHR GMBH
Semperstraße 51
45138 Essen
Tel.: 0201 - 89415-33
E-Mail: info@startbahn-ruhr.de
www.startbahn-ruhr.de

STARTERCAMPUS
Pia Grandt
Hernerstr. 10
45699 Herten
Tel.: 02366 - 109819
E-Mail: startercampus@emscher-lippe.de
www.startercampus.de

Initiativen

START2GROW
Gründungswettbewerb start2grow
Wirtschaftsförderung Dortmund
Töllnerstr. 9-11
44122 Dortmund
Tel.: 0800 - 4782782 (Kostenlos aus dem dt. Festnetz und den Mobilfunknetzen)
E-Mail: info@start2grow.de
www.start2grow.de
www.facebook.com/start2grow

Sie haben eine Geschäftsidee oder schon einen Businessplan? Der bundesweite Gründungswettbewerb start2grow unterstützt Sie und hat in jedem Fall ein passendes Angebot – vom persönlichen Coaching bis zu speziellen Events. Die Teilnahme ist kostenfrei.
Das start2grow-Netzwerk mit über 600 Experten und die start2grow-Veranstaltungen bieten Know-how und hilfreiche Kontakte. Die besten Businesspläne werden mit Geldpreisen bis zu 15.000 Euro ausgezeichnet. Außerdem wird ein Sonderpreis „Technologie" im Wert von 10.000 Euro sowie ein Sonderpreis „Digitale Unternehmerin" im Wert von 4.000 Euro vergeben.

STARTUP CAMP RUHR
Innogy SE
Freistuhl 7
44137 Dortmund
Tel.: 0800 88 82 014
E-Mail: bewerbung@startupcamp.ruhr
www.startupcamp.ruhr

Seit 2014 führt die Innogy SE zweimal jährlich im Bochumer Bermuda3eck das Startup Camp Ruhr durch. In vier Wochen lernen Studenten in kleinen Teams die Entwicklung und Validierung von innovativen Geschäftsideen. Für das Vollzeit-Engagement wird eine Aufwandsentschädigung an die Teilnehmer gezahlt. Neben einer Einführung in die Energiewirtschaft werden Themen wie z.B. Business Model Canvas, Online-Marketing, Kreativitätstechniken und Design Thinking erlernt. Die entwickelten Ideen werden am Ende vor einer hochkarätigen Jury präsentiert und mit einem Preisgeld von insgesamt 10.000 € prämiert.

START UP UN — GRÜNDERPREIS IM KREIS UNNA

Wirtschaftsförderungsgesellschaft
für den Kreis Unna mbH
STARTERCENTER NRW Kreis Unna
Sylke Schaffrin-Runkel
Friedrich-Ebert-Straße 19
59425 Unna
Tel.: 02303 27-2590
E-Mail: info@startupun.de
www.startupun.de

WIRTSCHAFTSJUNIOREN
MITTLERES RUHRGEBIET

WIRTSCHAFTSJUNIOREN MITTLERES RUHRGEBIET

Geschäftsstelle in der IHK
Claudia Grude
Ostring 30-32
44787 Bochum
E-Mail: exi@wj-mr.de
www.wj-mr.de

Willst Du Deine Inspirationen aus diesem Buch direkt zu Papier bringen? Ein Startup kann auch auf drei Seiten entstehen.

Hier hast Du den Platz dafür.